# 市政建设与给排水工程应用

### 董相宝　刘廷志　唐雨青　主编

汕头大学出版社

图书在版编目（CIP）数据

市政建设与给排水工程应用 / 董相宝，刘廷志，唐
雨青主编．-- 汕头：汕头大学出版社，2023.11
　ISBN 978-7-5658-5176-6

　Ⅰ．①市… Ⅱ．①董… ②刘… ③唐… Ⅲ．①市政工
程－给排水系统－工程施工 Ⅳ．① TU99

中国国家版本馆 CIP 数据核字（2023）第 240944 号

## 市政建设与给排水工程应用
**SHIZHENG JIANSHE YU JIPAISHUI GONGCHENG YINGYONG**

主　　编：董相宝　刘廷志　唐雨青
责任编辑：黄洁玲
责任技编：黄东生
封面设计：刘梦杏
出版发行：汕头大学出版社
　　　　　广东省汕头市大学路 243 号汕头大学校园内　邮政编码：515063
电　　话：0754-82904613
印　　刷：廊坊市海涛印刷有限公司
开　　本：710mm×1000mm　1/16
印　　张：11.5
字　　数：190 千字
版　　次：2023 年 11 月第 1 版
印　　次：2024 年 1 月第 1 次印刷
定　　价：68.00 元
ISBN 978-7-5658-5176-6

# 前言 PREFACE

随着经济的迅猛发展，社会的不断进步，城市建设在不断完善，人们开始普遍关注市政工程的建设问题。众所周知，一个城市的发展水平能够通过市政工程的施工水平体现出来，它同时也体现了该城市居民生活的幸福感。在经济的推动之下，市政工程加快了其建设和发展的步伐，由此也出现了许多规划管理方面的问题。

近年来，国家经济建设的迅速发展已将市政工程建设带入了专业化的时代，而且市政工程建设发展规模不断扩大，建设速度不断加快，复杂性增加，因此，需要大批市政工程建设管理和技术人才。针对这一现状，近年来，不少高等院校开办市政工程技术专业，因此，编写市政建设类相关的专著，能为市政工程技术专业的发展添砖加瓦。

市政给排水工程建设的好坏也关系着城市市政工程的质量，影响着居民的人居环境。市政给排水规划设计是城市基础设施规划设计的基础、重点，它对于城市人居环境、生态环境有着非常重要的影响力。本书还对市政工程给排水计划设计研究中存在的一些问题和策略进行了讨论，对于市政工程给排水规划设计的一些原则和技术方面进行了总结分析。

在编写本书的过程中，我们得到了许多专家和学者的帮助和支持。我们感谢他们的悉心指导、建议和鼓励。我们深知这本书还有许多不足之处，希望读者们能够给予宽容和理解，同时也欢迎您提出宝贵的意见和建议，以便我们在未来的工作中不断改进。

CONTENTS

# 第一章　市政工程建设

## 第一节　市政道路线形及交叉口工程

### 一、道路线形基本要求

#### （一）线形设计的基本要求及选线

道路的服务对象是汽车，因此选择线形必须满足汽车在行驶过程中的稳定性、安全性、迅速性和舒适性的要求。为满足这些条件，必须根据道路所处的地形条件、水文地质条件、设计车辆数、设计行车速度和交通量来选择合理的线形。对线形设计的基本要求是：①满足汽车行驶的力学要求；②满足驾驶员视觉和心理要求；③注意与周围地形、地物、环境相协调；④要与沿线自然、经济、社会条件相适应。

在进行路线设计时，首先必须确定路线的大概方位，因此明确路线上的控制点是非常必要的，路线起、讫点和路线必须经过或靠近的城镇或旅游地点等，这些确定了路线的总方向；其次是明确自然条件下的控制点，如越岭线的垭口，跨越大河的桥位，需要绕避的滑坡、泥石流、软土、泥沼等严重地质不良地段，原有道路和不能拆除建筑的平面位置及高程等。根据这些控制点，路线线形的空间位置大体上就确定了。最后还需注意以下内容，如：平原区尽量避免采用长直线或小偏角；微丘区既不宜过分迁就微小地形，造成线形不必要的曲折，也不应过分追求直线造成纵面线形不必要的起伏；重丘区应注意填挖方的平衡和平、纵、横三个方面的综合协调，尽量随地形的变化而设；山岭区路线一般顺山沿河布

设，必要时横越山岭，选择隧道穿过。

## （二）道路的平面、纵断面及横断面间的关系

道路中线是一条三维曲线，称为路线，线形就是指道路中线在空间的几何形状和尺寸。一般道路中线在水平面上的投影称为路线的平面。沿道路中线竖直剖切展开成平面的图形为道路的纵断面图，它反映路线所经地区中线地面起伏与设计路线的坡度。沿道路中线任一点（即中桩）作的法向剖切面称为横断面图。

## 二、道路线形

道路线形指道路在空间的几何形状和尺寸，简称路线。常用路线平面线形、纵断面线形和道路横断面来表示。

### （一）道路线形要素编辑

组成道路线形的各个部分。如：道路平面的直线段与曲线段，纵断面的平坡段、纵坡段和竖曲线段，横断面的路幅与边坡等。

### （二）道路线形组合的影响

道路线形是由直线和各种曲线连接而成。汽车在行驶中，从一个路段过渡到另一个路段时，行车条件发生了变化。在这个过程中，驾驶员需要一面观察了解前方新路段的情况，一面驾驶汽车，使之适应新的行车条件，这一过渡过程是比较复杂的。由于人们顺着直线或某种曲线扫视时，习惯于使视线平顺地合乎思维地前进，所以为保证行车安全，道路几何线形的组合应该自然流畅。如果道路几何线形组成部分的尺寸改变过大，驾驶员在过渡过程中缺乏足够的思想准备，会引起精神过分紧张和情绪上的不稳定，因而有可能导致破坏驾驶员、汽车、运行环境三者的协调关系，造成事故。

苏联学者曾以皮肤电流反应值为指标，研究驾驶员在不同半径弯道上行驶时的心理负担。研究结果表明，当汽车驶入曲率半径小于60m的弯道时，驾驶员的心理负担急剧增加。美国学者拉夫氏研究了许多弯道交通事故后指出，在双车道公路上，平曲线角度（即每30.5m弧长所对应的中心角角度）每增大1°，事故率增加约15%。

除道路的几何线形组合以外，路旁地带情况的变化或地形条件的变化也会产生类似的影响。例如，由开阔平坦路段驶入居民区或驶入山区窄路时，以及下长坡在坡道底部突然遇到交叉口等，都会使驾驶员感到精神紧张，因而不利于行车安全。

## 三、路线横断面

### （一）横断面的构成

道路横断面是指沿路中心线的垂直方向作的一个剖面图。道路横断面图由地面线和横断面设计线构成，其中地面线表征地面在横断面方向的起伏变化；设计线包括行车道、路肩、分隔带、边沟边坡、截水沟、护坡道等，横断面设计只限于公路两路肩外侧边缘（城市道路红线）之间的部分，即各组成部分的宽度、横向坡度等，路幅设计包括行车道、路肩、中央分隔带和路拱等，可分为单幅路、双幅路、三幅路和四幅路几种。

### （二）路线横断面图

横断面设计图绘制一般采用的竖向与水平距离的比例尺为1：200，以便用图解法计算挖、填土、石方的面积。横断面分为标准横断面与设计横断面。

路基标准横断面图标出了所有设计线（包括边坡、边沟、挡墙、护肩等）的形状、比例及尺寸，用以指导施工。

## 四、道路交叉

### （一）交叉口交通分析及基本要求

1.交叉口交通分析

进出交叉口的车辆，由于行驶方向不同，车辆与车辆之间的交错也有所不同，产生交错点的性质也不一样。

（1）分流点

同一行驶方向的车辆向不同方向分开的地点，称为分流点。

（2）合流点

来自不同行驶方向的车辆以较小角度向同一方向会合的地点，称为合流点。

（3）冲突点（危险点）

来自不同行驶方向的车辆以较大角度（＞90°）相互交叉的地点，称为冲突点（危险点）。

上述不同类型的交错点是影响交叉口行车速度和发生交通事故的主要原因，其中车辆左转和直行形成的冲突点对交通的影响最大，车辆容易产生碰撞；其次是合流点，是车辆产生挤撞的危险地点，对交通安全不利。所以，在交叉口的设计中，要尽量设法减少冲突点和合流点，尤其是要减少或消灭冲突点。

2.平面交叉口的基本要求

平面交叉口设计的基本要求有：一是在保证相交道路上所有车辆和行人安全的前提下，车流和人流交通受到最小的阻碍，亦即保证车辆和行人在交叉口处能以最短时间顺利、安全通过，这样就能使交叉口的通行能力适应各条道路的行车要求；二是正确设计交叉口立面，保证转弯车辆行驶稳定；三是要符合排水要求，使交叉口地面水能迅速排出，保持交叉口的干燥状态，有利于车辆和行人通过，并可使路面使用寿命延长。

## （二）平面交叉

1.平面交叉的一般要求

平面交叉是道路的一个重要组成部分，平面交叉选用的技术标准和形式是否合理，会直接影响公路的通行能力、使用品质以及交通安全。因此，设计交叉口时应符合如下要求：①交叉口的形式应根据相交道路的交通量、交通性质及地形条件综合考虑后再确定。②交叉口应选择地形平坦、视野开阔，至少应保证相交道路上汽车距冲突点前后的停车视距范围内通视，有碍视线的障碍物应予以清除。③交叉口的布置要符合行车舒适、排水畅通的要求。

2.平面交叉口的形式

（1）平面交叉口

平面交叉口常见形式有如下几种：十字形、X字形、T字形、Y字形和复合交叉等。

（2）拓宽路口式交叉口

当交通量较大，转弯车辆较多，而交叉口的通行能力不能满足交通量的需要

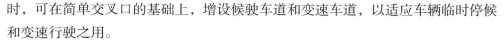

时，可在简单交叉口的基础上，增设候驶车道和变速车道，以适应车辆临时停候和变速行驶之用。

（3）环形交叉口

为了减少车辆阻滞，在交叉口中心设一圆形交通岛，使各类车辆按逆时针方向绕岛做单向行驶，这种平面交叉称为环形交叉。

## （三）立体交叉

1.立体交叉的作用

立体交叉工程的种类很多，无论形式如何，所要解决的问题就是消除或部分消除各向车流的冲突点，也就是将冲突点处的各向车流组织在空间的不同高度上，使各向车流分道行驶，从而保证各向车流在任何时间都连续行驶，提高交叉口处的通行能力和安全舒适性。

立体交叉是两条道路在不同高程上交叉，两条道路上的车流互不干扰，各自保持原有车速通过交叉口。立体交叉能保证行车安全和提高交叉口通行能力，但与平面交叉相比，其技术复杂，占地面积大，造价高。

2.立体交叉的组成

立体交叉口由相交道路、跨线桥、匝道、通道和其他附属设施组成。

（1）跨线桥

跨线桥是两条道路间的跨越结构物，有主线跨线桥和匝道跨线桥之分，它是立体交叉的主要结构物。跨线桥下应保证道路通行的足够净空尺寸，并应适当考虑建筑美观。相交道路从桥下通过的为上跨式，反之为下穿式。

（2）匝道

匝道是连接互通式立体交叉上、下道路，使道路上的车流可以相互通行的构造物。

（3）变速车道

减速车道、加速车道统称为变速车道，当车辆进入高速公路或匝道时必须设置。变速车道有平行式和定向式两种。当高速公路与匝道的车速相差较大时，需设置平行式车道；当计算两车速相差不大时，宜采用缓和曲线连接或设置定向式变速车道。

3.立体交叉的分类

立体交叉分类有按路网系统功能分、按有无匝道连接分、按交叉结构形式分等分类方法。

（1）按路网系统功能分类

按路网系统功能分类，可分为枢纽型立体交叉、服务型立体交叉、疏导型立体交叉。

枢纽型：枢纽型立交是中、长距离，大交通量，高等级道路之间的立体交叉。如高速公路之间、城市快速路之间、高速公路和城市快速路相互之间及与重要汽车专用道之间。

服务型：服务型立交（又称一般互通立交）是高等级道路与低等级道路之间的立体交叉。如高速公路与其沿线城市出入干道或次要汽车专用道之间，城市快速路或重要汽车专用道与其沿线城市主干路或次级道路之间的立体交叉。

疏导型：疏导型立交（又称简单立交）仅限地区次要道路上的交叉口。

（2）按有无匝道连接分类

按有无匝道连接分类，可分为分离式立体交叉和互通式立体交叉两种。

分离式立体交叉：这是一种简单的立交形式，指采用上跨或下跨的方式相交，上、下道路没有匝道连接，这种立交占地少、结构简单、造价低，但上、下公路的车辆不能互相转换。目前我国各地修建的公路与铁路交叉，多属于这种形式。

互通式立体交叉：互通式立体交叉按其互通程度不同可分为部分互通和完全互通两种。

# 第二节 路基路面工程

## 一、路基工程

### （一）路基的概念与分类

公路路基是路面的基础，是线形承重主体，承受着自身土体的自重和路面结构的重量，以及由路面传递下来的行车荷载。没有稳定坚固的路基，就不会有一个好的路面，松软的路基会产生不均匀下沉现象，造成路面开裂和不平整，进而影响行车的速度、安全、舒适和道路的畅通。

根据填挖情况的不同，路基可分为路堤、路堑和填挖结合路基三种类型。路堤是指全部用岩、土（或其他填料）填筑而成的路基；路堑是指全部开挖形成的路基；当天然地面横坡比较大，一侧开挖，另一侧填筑时，称为填挖结合路基，也称半堤半堑路基。

对于一级公路和高速公路，路基又可分为整体式断面路基和分离式断面路基两类。对于路堤来讲，按路基的填土高度不同，又可划分为矮路基（小于1.5m）、高路基（大于18m）和一般路基（1.5～18m）。按填料不同，又可分为土质路基、石质路基和土石混合路基。路基在结构上又分为：上路堤和下路堤、路床。路床是指路面底面以下0～0.8m内的路基部分，又可分为上路床和下路床。上路堤是指路面底面以下0.8～1.5m的填方部分，下路堤是指上路堤以下的填方部分。

路堑按其开挖方式的不同，又可分为全挖式路基、台口式路基和半山洞式路基。按其材质不同，路堑又可分为土质路堑和石质路堑。

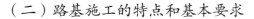

## （二）路基施工的特点和基本要求

1.路基施工的主要特点

（1）土石方数量大，不同路段工程数量差别大

一般平原微丘区的二级公路，每千米土石方数量在10000～22000m³，山岭重丘区更是数量巨大，不同路段的挖填方数量差别大。

（2）材质差别大

不论是填方路段还是挖方路段，路基工程都是宜土则土、宜石则石。土路基本身也有不同土质类型，如粉性土、砂性土、黏性土、黄土，还有须加固处理的软土等。石质路基材质有可能是石灰岩、沉积岩、变质岩或是火山岩，不论其风化程度如何，只要其强度满足要求，都可以用作路基填料。在同一道路的同一路段上，出现多种材质混合的可能性比较大。

（3）施工方法因地制宜

由于地形地貌、地质水文、气象、现有交通条件等诸多条件的制约，施工方法宜挖则挖、宜爆则爆，多种多样，因地制宜。

路基工程和桥梁、涵洞、防护工程、路面工程等在施工中相互干扰、相互影响，应认真组织，妥善安排。应注意环境和生态保护，防止取土、弃土和排水沟、边沟等影响农田水利和排灌系统。

2.车辆荷载对路基工程的基本要求

具有足够的整体稳定性；具有足够的强度，也就是抵抗变形的能力；具有足够的水温稳定性，即在最不利的水温条件下，保持路基的强度仍能满足设计和行车荷载对路基的要求。

3.路基工程施工的基本要求

路基工程施工应满足设计和使用要求，并把试验检测作为主要的监控手段来指导路基工程施工。路基施工宜移挖作填，即使用路堑段的挖方做路堤填筑段的填方，减少占用土地并有利于环境保护，减少对自然景观的破坏，保持与地形地貌的协调。路基施工应严格按照规范要求来组织，特殊地区的路基施工采取相应的技术措施。石方挖方路基的施工，不宜采取大爆破的方法进行；必须使用时，须请有相应设计施工资质的单位，做出专门的设计，反复论证后，按大爆破的有关规定组织和实施。

## （三）路基填料

路基填筑工程量巨大，路基填料的选择一般采取因地制宜的原则，宜土则土，宜石则石。凡是具有规定强度且能被压实到规定密实度和能形成稳定路基的材料均为适用的填料。也就是说，不论是细粒土、粗粒土或是爆破之后的岩石或工业废渣，只要符合一定的技术要求，均可以用作路基填料。但在路基填料的选择上还要注意以下几点：路基填方应优先考虑使用级配较好的砾类土、砂类土等粗集料做填料，填料的最大粒径应小于150mm。当采用细粒土做填料时，最为符合规定。泥炭、淤泥、冻土、强膨胀土、有机土及易溶盐超过允许含量的土，不得直接用于填筑路基。液限大于50%，塑性指数大于26的土以及含水量超过规定的土，也不得直接用于路基填料。确需使用上述土或黄土填筑路基时，必须采取一定的改善措施，使其满足要求，并取得监理工程师批准。钢渣、粉煤灰等可用作路基填料，其他工业废渣使用前应进行有害物质的检测，以免对土地和水源造成污染。浸水路基应选用渗水性良好的材料填筑，如中等颗粒的砂砾、级配碎石等，不应直接采用粉质土填筑。如必须采用细砂、粉砂等易液化的材料做填料时，应考虑防止震动液化的技术措施。桥梁台背应优先选用渗水性好的填料，在渗水材料缺乏的地区，可以使用石灰、水泥、粉煤灰等单独或综合处置的细粒土。填石路基的石块最大粒径应小于厚度的2/3，路床顶面50cm厚度内不得使用石块填筑。

## （四）路基施工期间的防水与排水

在路基工程施工期间，为防止工程或附近农田、建筑物及其他设施受冲刷淤积，应修建临时排水设施，以保持施工场地处于良好的排水状态。

临时性排水设施应与永久性排水设施相结合。施工场地流水不得排入农田、耕地或污染自然水源，也不应引起淤积、阻塞和冲刷。

施工时，不论挖方或填方，均应做到各施工层表面不积水。因此，各施工层应随时保持一定的泄水横坡或纵向排水通道。挖方路基顶面或填方基底含水率过大时，应采取措施降低其含水率。

## （五）路基防护与支挡

### 1.路基防护与支挡工程类型

路基防护与支挡工程中，一般把防止风化和冲刷，主要起隔离、封闭作用的措施称为防护工程。防护工程不能承受外力作用，所以要求路基本身必须是稳定的。把防止路基或山体因重力作用而滑移，地基承载力不足而沉陷，主要起支承和加固作用的结构物称为支撑工程。它们当中有些措施往往兼有防护与加固作用。路基防护与支挡工程设施，按其作用不同，可分为边坡坡面防护、冲刷防护及支挡建筑物三大类。

（1）坡面防护

主要是保护路基边坡表面免受雨水冲刷，减缓温差及温度变化的影响，防止和延缓软弱岩土表面的风化、碎裂、剥蚀演变进程，从而保护路基边坡的整体稳定性，在一定程度上还可美化路容，协调自然环境。常用类型有植物防护、浆（干）砌片石及混凝土预制块、坡面处置及综合防护等。

（2）冲刷防护

用于防护水流对路基的冲刷与淘刷，可分为直接防护和间接防护。直接防护类型有植物防护、砌石防护与加固等。间接防护主要指设置导流结构物，如丁坝、顺坝、防洪堤、拦水坝等，必要时进行疏浚河床、改变河道，以改变水流方向，避免或减缓水流对路基的直接破坏作用。

（3）支挡建筑物

用以防止路基变形或支挡路基本身或山体的位移，以保证其稳定性，常用的类型有挡土墙、土垛、石垛及浸水挡土墙等。

### 2.植物防护施工

进行公路边坡坡面防护，必须考虑当地的气候特点、边坡类型和工程经济特点。植物的选择应根据植物学特性，考虑公路结构、管护条件、环境条件等。优先选择本地区的绿化植物、乡土植物和园林植物等；注重种类和生态习性的多样性；与附近的植物和风景等诸多条件相适应；兼顾近期和远期的植物规划，慢生和速生种类相结合；选择花、枝、叶形态美观的植物。植物的配置应考虑如下条件：根据季节的变化要求，使用不同季节相变化的植物，丰富公路景观。南方一般地区植物防护种类宜做到花常开、叶常绿；北方有条件地区宜做到三季有花、四季常绿；有条件地区植物防护的空间配置在平面和立面的基础上，可采用自然式和规则式；草地与周围植物应根据景观、功能要求，利用对比等手法进行配置。

边坡的植物防护配比一般应通过种子发芽率试验和种植试验确定，种植试验一般分路堤边坡和路堑边坡，其中路堑边坡又可分为阳坡土质、阴坡土质、阳坡土夹石、阴坡土夹石、缀花边坡及纯石质边坡进行不同配比的试验，根据试验边坡植物的生长情况确定施工配比。

3.圬工防护施工

（1）喷浆、喷射混凝土防护

喷浆、喷射混凝土防护适用于易风化和坡面不平的岩石挖方边坡。喷浆、喷射混凝土的水泥用量较大，可用于重点工程或重点防护地段。根据实践经验，比较经济的砂浆是用水泥、石灰、河沙及水四种原材料，厚度一般为1～3cm（喷浆）或7～15cm（喷混凝土）。对坡面较陡或易风化的坡面，可以在喷射防护之前先铺设加筋材料，加筋材料可以用铁丝网或土工格栅。喷浆、喷射混凝土坡面应设置泄水孔，一般按2～3m间距和排距设置。

（2）勾缝与灌浆防护

适用于比较坚硬，且裂缝多而细的岩石边坡，防止水分浸入岩层内造成病害。灌浆防护适用于坚硬，但裂缝较宽和较深的岩石边坡，借砂浆的胶结力，使坡面表层成为一个整体的防水层。

（3）护面墙

在各种软质岩层和较破碎岩石的挖方边坡，为免受大气、降雨因素影响而修建的护墙，称为护面墙。施工方法有干砌和浆砌两种，多用于易风化的片岩、绿泥片岩、泥质页岩、千枚岩及其他风化严重的软岩挖方边坡防护。

（4）干砌片石护坡

适用于土质、软岩及易风化、破坏较严重的填、挖方路基边坡，以防止雨、雪水冲刷。在砌面防护中，宜首选干砌片石结构，这不仅为了节省投资，而且可以适应较大的边坡变形。如在冻胀严重的路段，干砌片石就显得特别优越。对土质填方路段也能适应路基边坡沉落变形。但干砌片石护坡受水流冲击时，细小土颗粒易被流水冲刷带走，而引起较大的沉陷。

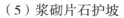

（5）浆砌片石护坡

浆砌片石护坡是公路建设特别是高速公路建设中常用的工程防护方法。这个方法是用水泥砂浆将片石空隙填满，使砌石成为一个整体，以保护坡面不受外界因素（水、大气等）的侵蚀，所以比干砌片石有更高的强度和稳定性。

（6）拱形骨架植草护坡

多用于稳定的土质挖方路基边坡的防护，土质边坡一般采用液压喷播植草进行绿化施工；对风化严重的石质边坡，可在骨架中间透空部分填土后再进行种草、种树等植物防护工作。根据拱形骨架所采用的材料不同，又可分为浆砌片石拱形骨架植草护坡、现浇混凝土拱形骨架植草护坡、预制混凝土块拱形骨架植草护坡等类型。

4.沿河路基防护施工

沿河路基防护包括坡岸防护、导流构造物防护和其他防护。各种防护都必须加强基础处理和施工质量，防止水流冲刷和淘空，保证路基稳定。沿河路基防护工程基础应埋设在局部冲刷线以下不小于1m或嵌入基岩内；导流构造物施工前，根据现场具体情况采取相应措施，避免冲刷农田、村庄、公路和下游路基。

（1）抛石防护

当水流流速为3.0～5.0m/s时，宜采用抛石防护。抛石防护类似于陡坡路堤在坡脚处设置石垛。抛石体边坡坡度和石料粒径应根据水深、流速和波浪情况确定，石料粒径应大于300mm，宜用大小不同的石块掺杂抛投。坡度应不陡于抛石石料浸水后的天然休止角。抛石厚度宜为粒径的3～4倍，用大粒径时，不得小于2倍。流速大、水很深、波浪高的路段，抛石应采用粒径较大的石块。抛石石料应选用质地坚硬、耐冻且不宜风化崩解的石块。

（2）石笼防护

当水流流速大于5.0m/s或过多压缩河床，造成上游壅水时，宜用石笼防护或设置驳岸、浸水挡土墙等支挡结构物。石笼防护主要用于缺乏大石块的地区，它是用铁丝编织成长方体或圆柱体框架，内装石料，设置在坡脚处。石笼形状根据设计要求或不同情况和用途选用，笼内填石选用浸水不崩解和不易风化的石料，粒径不小于4cm，一般为5～20cm，外层石料要求有棱角，内层用较小石块填充。编制石笼时，应注意各部分尺寸正确，以利于石笼与石笼之间紧密连接。安置石笼时，用于防止冲刷淘底的石笼，应与坡脚线垂直，且堤岸一端固定。用

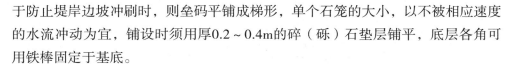

于防止堤岸边坡冲刷时，则垒码平铺成梯形，单个石笼的大小，以不被相应速度的水流冲动为宜，铺设时须用厚0.2～0.4m的碎（砾）石垫层铺平，底层各角可用铁棒固定于基底。

（3）丁坝及顺坝

为了改变水流方向，减轻水流对路基岸边的冲刷，可采用间接防护措施。常用的间接防护措施有设置丁坝、顺坝等调治构造物以及改移河道和种植防水林带等。通过这些防护措施，以降低防护地段的水流速度，改变水流流向，甚至促使部分岸线产生有利于保护路基的淤积等。丁坝适用于宽浅变迁性河段，用以排流或降低流速，减轻水流对河岸或路基的冲刷。顺坝适用于河床断面较窄、不允许过多占用河床以及地质条件较差的沿河路基。

（4）改移河道

沿河路基受水流冲刷严重，或防护工程艰巨以及路线在短距离内多次跨越弯曲河道时可改移河道。对主河槽改动频繁的变迁性河流或支流较多的河段不宜改移河道。改移河道工程应在枯水时期施工，一个枯水期不能完成时，应采取防洪措施。河道开挖应先挖好中段，然后再开挖两端，确认新河床工程已符合要求后，方可挖通其上游河段。利用开挖新河道的土石填平旧河道时，在新河道未通流前，旧河道应保持适当的流水断面。通流时，该河上游进口河段的河床纵坡宜稍大于设计坡度。河床加固设施及导流构造物的施工应合理安排，及时配套完成。

（六）路基排水设施施工

路基排水设施可以及时排出地表径流，降低土基湿度，保持路基常年处于干燥和中湿状态，使路基工作区内的土基含水量降低到一定的范围内，确保路基路面具有足够的强度与稳定性。

1.路基排水的一般要求

路基内的水源来自地面水和地下水。地面水主要是由降水形成的地面径流。地下水为从地面渗入并滞留于上层的滞流水和地下含水层内的潜水。路基排水的目的是通过采取有效措施，使路基内含水量保持在允许范围内，保证路基经常处于稳定状态，满足使用要求。

流向路基的地面水和地下水，需在路基范围以外的地点，设置截水沟与排水沟或渗沟进行拦截，并引离至指定地点，路基范围内的水源，分别采用边沟、渗沟、渗井和排水沟予以排除。路基排水一般向低洼一侧排除，必须横跨路基时，尽量利用拟设的桥涵，必要时设置涵洞、倒虹吸或渡槽。水流落差较大时，应在较短段落上设置跌水或急流槽。

对于明显的天然沟槽，一般宜依沟设涵，不必勉强改沟与合并。对于沟槽不明显的漫流，应在上游设置束流设施，加以调节，尽量汇集成沟导流排除。对于较大水流，注意因势利导，不可轻易改变流向，必要时配以防护加固工程，进行分流或束流。为了提高截流效果，减少工程量，地面沟渠宜大体沿等高线布置，尽可能使沟渠垂直于流水方向，且应力求短截，水流通畅。沟渠转弯处要求以圆曲线相接，以减小水流的阻力。排水沟的出水口应设置急流槽将水流引出路基或引入排水系统。

各种排水设备必须地基稳固，不得渗漏或滞留，并具有适当纵坡，以控制与保持适当的流速。沟槽的基底与沟底沟壁，必要时予以加固，不得溢水渗水，防止损害路基和引起水土流失。

施工前，应校核全线排水设计是否完善、合理，必要时应提出补充和修改意见，使全线的沟渠、管道、桥涵组合成完整的排水系统。完成临时排水设施，临时排水设施应尽量与永久排水设施相结合，排水方案应因地制宜、经济实用。施工期间，应经常维护临时排水设施，保证水流畅通。

路堤施工中，各施工作业层面应设2%～4%的排水横坡，层面上不得有积水，并采取措施防止水流冲刷边坡。路堑施工中，应及时将地表水排走。

2.常见排水设施

路基路面排水设施可分为地表排水设施和地下排水设施。地表排水设施有边沟、截水沟、排水沟、跌水、急流槽、倒虹吸、渡水槽、蒸发池等，它们分别设置在路基的不同部位，共同形成完整的路基地面排水系统。各类地表排水设施的沟槽顶面应当高出设计水位0.1～0.2m，地表排水设施的断面形状和尺寸应满足排泄设计流量的要求，不产生冲刷和淤积。地表排水沟渠宜短不宜长，以使水位不过于汇集，做到及时疏散，就近分流，同时也应兼做其他流水的用途。

（1）边沟

挖方路基以及填土高度低于路基设计要求的临界高度的路堤，在路肩外缘均应设置纵向人工沟渠，称之为边沟。其主要功能在于排除路基用地范围内的地面水，包括路面、路肩和边坡的流水。边沟断面形式主要有梯形、矩形、三角形或流线型等，按公路等级、所需排水设计流量，设置位置和土质或岩质选定。

（2）截水沟

截水沟是设置在挖方路基边坡坡顶以外，或山坡路堤上方的适当位置，用以拦截路基上方流向路基的地面水，减轻边沟的水流负担，保护挖方边坡和填方坡脚不受流水冲刷和损害的人工沟渠。它是多雨地区、山岭和丘陵地区路基排水的重要设施之一。截水沟设在路堑坡顶或路堤坡脚外侧，要结合地形和地质条件沿等高线布置，将拦截的水顺畅地排向自然沟谷或水道。降水量较少或坡面坚硬和边坡较低以致冲刷影响不大的地段，可以不设截水沟；反之，若降雨量较多，且暴雨频率高，山坡覆盖层松软，坡面较高，水土流失较严重的地段，必要时可设置两道或多道截水沟。截水沟的横断面形式，一般为梯形，沟壁边坡坡度因土质条件而异，一般采用1∶1～1∶1.5。沟底宽度和深度不小于0.5m，地质或土质条件差，有可能产生渗流或变形时，应采取相应的防护措施。截水沟下游应有急流槽，把路堑或路堤坡面截水沟汇集的雨水导入天然水沟或排水沟。

（3）排水沟

主要用于排除来自边沟、截水沟或其他水源的水流，并将其引至路基范围以外的指定地点。当路线受到多段沟渠或水道影响时，为保证路基不受水害，可以设置排水沟或改移渠道，以调节水流，整治水道。排水沟的横断面形式一般采用梯形，尺寸大小应经过水力水文计算而定。排水沟的布置，必须结合地形等条件，离路基尽可能远些，转向时尽可能采用较大半径（10～20m以上），徐缓改变方向，距路基坡脚的距离一般不宜小于3～4m；排水沟长度一般不超过500m；纵坡大于7%时，应设置跌水或急流槽。

（4）跌水与急流槽

均用于陡坡地段，沟底纵坡可达100%。由于纵坡大、水流湍急、冲刷作用严重，所以跌水与急流槽必须用浆砌石块或水泥混凝土砌筑，且应埋设牢固。在陡坡地段设置跌水结构物，可在短距离内降低水流流速、消减水流能量，避免出水口下游的桥涵结构物、自然水道或农田受到冲刷。跌水呈台阶式，有单级跌水和多级跌水之分。跌水两端的土质沟渠，应注意加固，保持水流畅通，不致产生水流冲刷和淤积，以充分发挥跌水的排水效能。急流槽的纵坡，比跌水的平均纵坡更陡，结构的坚固稳定性要求更高，是山区公路回头曲线沟通上下线路基排水及沟渠出水口的一种常见排水设施。急流槽主体部分的纵坡依地形而定，一般可达67%，如果地质条件良好，需要时还可以更陡，但结构要求更严，造价亦相应提高，设计时应通过比较确定。按水力计算特点，由进水口、急流槽（槽身）和出水口三部分组成。

若沟槽横断面不同，为了能平顺衔接，可在急流槽的进、出水口与槽身连接处设过渡段，出水口部分设消力池。各部分的尺寸，根据水力计算确定。急流槽的基础必须稳固，端部及槽身每隔2～5m在槽底设耳墙埋入地面以下，以防止滑动。当槽身较长时宜分段砌筑每段长5～10m的预留伸缩缝，并用防水材料填塞。在开挖坡面的急流槽与边沟交会处，应在边沟设置沉淤池或消能池，一方面可以沉积泥沙；另一方面可以起到消能作用，避免泥沙堵塞边沟和水流冲刷边沟，导致边沟遭到破坏。

（5）盲沟与渗沟

设在路基边沟下面的暗沟称为盲沟，其目的是拦截或降低地下水。盲沟造价通常高于明沟，发生淤塞时，疏通困难，甚至需要开挖重建。设置在路基两侧边沟下的盲沟，主要作用是降低地下水位，防止毛细水上升至路基工作区范围内，形成水分积聚而造成冻胀和翻浆，或土基过湿而降低强度等。路基在挖方与填方交界处的横向盲沟，用以拦截和排除路堑下面的层间水或小股泉水，保持路堤填土不受水害。盲沟设置在地面以下起引排、集中水流的作用，无排渗水和汇水的作用。简易的盲沟结构主要由粗粒碎石、细粒碎石及不透水层组成。

（6）渗井

当路基附近的地面水或浅层地下水无法排除，影响路基稳定时，可设置渗井，将地面水或地下水经渗井通过下透水层中的钻孔流入下层透水层中排除。渗井直径50～60cm，井内填充料含泥量应小于5%，按单一粒径分层填筑，不得将粗细材料混杂填塞。在下层透水范围内填碎石或卵石，上层不透水层范围内填砂或砾石，填充料应采用筛洗过的不同粒径的材料，井壁和填充料之间应设反滤层。渗井离路堤坡脚不应小于10m，渗水井顶部四周用黏土填筑围护，井顶应加筑混凝土盖，严防渗井淤塞。渗井开挖应根据土质选用合理的支撑形式，并应随挖随支撑，及时回填。

（7）检查井

为检查维修渗沟，每隔30～50m或在平面转折和坡度由陡变缓处宜设置检查井。检查井一般采用圆形，内径不小于1.0m，在井壁处的渗沟底应高出井底0.3~0.4m，井底铺一层厚0.1~0.2m的混凝土，混凝土强度必须达到5mPa，井基如遇不良土质，应采取换填、夯实等措施。兼起渗井作用的检查井的井壁，应在含水层范围设置渗水孔和反滤层。深度大于20m的检查井，检查梯要牢固。井口顶部应高出附近地面0.3~0.5m，并设井盖，井框、井盖应平稳，进口周围无积水。

3.边沟、截水沟与排水沟的施工

通常把边沟、截水沟与排水沟笼统地称为"水沟"，其施工工艺和施工方法非常相似。水沟的施工流程为：施工准备（清理现场、核查设计布置是否合理、组织施工人员及施工机械、材料准备）→测量放样→撒石灰线（机械开挖）或挂线（人工开挖）→沟槽开挖→人工修整→验槽→水沟加固（水沟沟底纵坡大于3%时，或土质水沟采用矩形断面时，或需要防止水沟水流下渗时）。

当公路用地比较紧张时，边沟、排水沟和碎落台截水沟多采用矩形断面形式，需要结合其他防护工程进行加固处理。高等级公路为了行车安全和增加路面视觉宽度，常在边沟顶面加带槽孔的混凝土盖板。

加带混凝土盖板的高等级公路边沟施工流程可表示为：全站仪定位放样→撒石灰线→挖机（或人工）开挖沟槽→人工修整→验槽→砌筑沟底→砌筑沟帮→检查沟底、沟帮→沟帮、沟底抹面或勾缝→运输盖板→清除边沟淤积及沉降缝封缝→安装盖板→找平外露边沟顶面。

（1）土质水沟的施工方法

根据设计图纸尺寸，利用经纬仪及钢尺或皮尺从中桩引测，或利用全站仪从测量控制点引测，放样点间距直线段一般为10m一点，曲线段根据转弯半径大小为2~5m一点。

放样时，应核查水沟设计位置的合理性，是否与公路设施及建筑物位置发生冲突；坡降是否过大或过小，过大是否需要采取加固措施，过小是否会产生积水或漫流现象；与其他防排水措施交接处是否会发生错位或冲刷，是否需要进行防冲加固；出水口水流是否顺畅，是否会发生冲刷危害，是否应采取消能或提高抗冲刷的加固措施；边沟转弯半径是否符合有关要求，是否应在外侧加高和加固。设计存在不合理的地方或存在需要完善的地方，须及时向有关单位进行汇报，并对设计进行修改和完善。放样之后，应进行现场清理，清除杂草、灌木、有机质土及覆土等杂物，平整场地及进行施工临时排水。

低等级道路，或降水量较少的地区，水沟设计尺寸亦较小，通常采用人工开挖沟槽。反之，高等级道路，或降水量较大的地区，水沟设计尺寸亦较大，为了保证施工质量和工期，大多采用人工配合挖掘机开挖。在纵向，一般应从下游向上游开挖。

当人工开挖作业时，测量放样后，挂线施工。施工时一般采用分段开挖的方法，每一段可以分层开挖，从上至下，逐渐成形，也可以全断面开挖，先开辟出一个工作面，修整成设计断面，然后往前推进，每一个断面都一次成形。

当采用机械开挖作业时，应该先放样，然后撒石灰线，挖土机开始工作。开挖过程中，最好欠挖，人工修整到位，不能超挖。如果出现超挖，超挖部分用浆砌片石或其他加固材料找补。

开挖时尽量不扰动原状土，当采用机械开挖，可适当欠挖，边挖边测量控制，沟底高程用水准仪实测控制，最后用人工修整。修整时以一定长度（一般为10m，曲线段按半径大小为2～5m）按设计尺寸定标准断面，在两标准断面间拉线，按线修整，也可用断面样板或皮尺或钢尺逐段检查，反复修整，直到符合设计要求为止。雨季施工时基坑开挖必须采取防止坑外雨水流入基坑的措施，坑内雨水应及时排出。

（2）石质水沟的施工方法

石质水沟的开挖，无论采用人工还是机械施工，均需爆破，使石方松动后再开挖成型，这样很容易超挖，应控制炮孔位置和爆破药量，超挖部分用浆砌片石、混凝土或砂浆找补。石质水沟其他工序的施工方法与土质水沟相同。

（3）水沟加固的施工方法

为防止水流对水沟的冲刷与渗漏，对边沟、截水沟和排水沟等地面排水设施的沟底和沟壁应进行加固。

## 二、路面工程

### （一）路面的概念、结构与分类

1.路面的概念

路面是指用各种材料铺筑在路基上的供车辆行驶的构造物，其主要任务是保

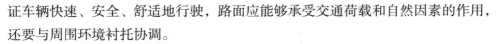

证车辆快速、安全、舒适地行驶，路面应能够承受交通荷载和自然因素的作用，还要与周围环境衬托协调。

2.路面的结构

道路行车荷载和自然因素的作用一般随深度的增加而减弱，为适应这一特点，路面结构也是多层次的，路面结构一般由面层、基层、垫层组成，有的道路在面层和基层之间还设立了一个联结层。

（1）面层

面层位于整个路面结构的最上层，直接承受行车荷载，并受自然因素的影响，因此要求面层应有足够的强度、刚度和稳定性，另外面层还应有良好的平整度和抗滑性能，以保证车辆安全平稳地通行。面层通常使用水泥混凝土、沥青混凝土、沥青碎石混合料做铺筑材料，有些道路也用块石、料石或水泥混凝土预制块铺筑道路面层，山区交通量很小的地区也直接用泥灰结碎石或泥结碎石做面层。面层可分层铺筑，称为上面层（表层）、中面层和下面层。

（2）基层

基层是指面层以下的结构层，主要起支撑路面面层和承受由面层传递来的车辆荷载作用，因此基层应有足够的强度和刚度，基层也应有平整的表面，为保证面层厚度均匀、平整，基层还可能受到地表水和地下水的浸入，故应有足够的水稳定性，以防湿软变形而影响路面的结构强度。基层可采用水泥稳定类、石灰稳定类、石灰工业废渣稳定类以及级配碎砾石、填隙碎石或贫混凝土铺筑。当基层较厚时，应分为两层或三层铺筑，下层称为底基层，上层称为基层，中层视材料情况可称为基层也可称底基层。选择基层材料时，为降低工程成本，应本着因地制宜的原则，尽可能使用当地材料。

（3）垫层

垫层设在土基和基层之间，主要用于潮湿土基和北方地区的冻胀土基，用以改善土基的湿度和温度状况，起隔水（地下水和毛细水）、排水（基层下渗的水）、隔温（防冻胀）以及传递荷载和扩散荷载的作用。垫层材料不要求强度高，但要求水稳性能和隔热性能好，常用的垫层材料有砂砾、炉渣或卵圆石组成的透水性垫层和石灰土或石灰炉渣土组成的稳定性垫层。

（4）联结层

联结层指为加强面层和基层的共同作用或减少基层裂缝对面层的影响，而设

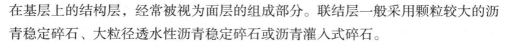

在基层上的结构层，经常被视为面层的组成部分。联结层一般采用颗粒较大的沥青稳定碎石、大粒径透水性沥青稳定碎石或沥青灌入式碎石。

3.路面的分类

从路面力学特性角度划分，传统的分法把路面分为柔性路面和刚性路面，随着科技的进步，又有了新的发展，路面分类进一步得到细化。

（1）柔性路面

柔性路面是指刚度较小，抗弯拉强度较低，主要靠抗压和抗剪强度来承受车辆荷载作用的路面，其主要特点是刚度小，在车轮荷载的作用下弯沉变形较大，车轮荷载通过时路面各层向下传递到路基的压应力较大。

（2）刚性路面

刚性路面是指路面板体刚度大，抗弯拉强度较高的路面，其主要特点是，抗弯拉强度高、刚度大，处于板体工作状态，竖向弯沉较小，传递给下层的压应力较柔性路面小得多。

（3）半刚性路面

我国公路科研工作者经过研究和探索，在20世纪90年代初又提出半刚性路面的概念。我国在公路建设中大量使用了水泥稳定类、石灰稳定类和石灰粉煤灰稳定类材料做基层，这些基层材料随着龄期的增长，其强度和刚度也在缓慢地增长，但最终的强度和刚度仍远小于刚性路面，其受力特点也不同于柔性路面，我国公路路面科研人员，将之称为半刚性路面基层，加铺沥青面层之后，称为半刚性路面。

（4）复合式基层路面

混合式基层，即上部使用柔性基层，下部使用半刚性基层的基层称为复合式基层，它的受力特点是处于半刚性基层和柔性基层中间的一种结构，可以提高柔性路面的承载能力，在加铺沥青面层之后，称之为复合式路面。

当前一个时期内，国内大量使用了半刚性路面基层，半刚性基层的整体性好，但易形成温度裂缝和干缩裂缝，并经反射造成沥青面层开裂，水渗入后在行车荷载的作用下出现唧浆现象，进而形成公路路面的早期损坏。将半刚性基层用作下基层，上覆以柔性基层，成为复合式结构，不仅可以提高基层的承载力，也可以扩散半刚性基层裂缝产生的水平应力，进而截断反射裂缝向上传递的途径。同时，柔性基层多采用级配碎砾石结构，具有一定的排水功能，进一步完善基层边缘排水设计，应能起到预防路面早期破坏的效果。重交通量和多雨潮湿地区目前已开始混合基层的研究和实践。

（二）路面施工的特点和基本要求

路面工程是直接承受行车荷载的结构，经受严酷的自然环境和行车荷载的反复作用，因此对路面工程也提出了更高的要求。

1.路面施工的特点

（1）机械化程度高

随着经济的发展，机械制造业也发展迅速，各种类型、各种功能的路面施工机械相继出现，以前使用人工施工为主的路面施工已经转变为机械化施工为主、人工为辅的局面。如何更好地发挥机械性能，减轻人工的劳动强度，也是路面工程施工组织的重要内容。

（2）工程数量均匀，容易进行流水作业

一般情况下，一个工程项目路面工程的结构类型和设计厚度是相同的或相近的，除交叉口和收费区范围外，每千米工程数量是均匀的，这使得采取流水作业法安排路面工程施工变得更加容易。

（3）路面施工材料相对比较均匀，更容易控制路面质量

采用细粒土的路面基层底基层材料，虽然也采取了因地制宜的原则，用沿线的土进行基层底基层施工，但相对于路基工程——土石混合来讲，土质差别比较小，可以利用塑性指数的差别制定统一的质量控制标准来控制基层质量（如建立相同强度下，塑性指数与灰剂量的关系；或建立相同灰剂量情况下，塑性指数与最大干密度的关系等）。对于采用砂石材料进行施工的路面基层和面层，由于材料的产地相同，材质更加均匀，更容易用同样的质量标准来控制生产。

（4）与桥梁工程、台背回填、防护工程施工有相互干扰

在施工进度安排上，因桥梁工程、台背回填、防护工程的滞后影响基层施工时，可采取跳跃施工的方法；对于面层施工时，应已完成上述工作，不影响面层施工的连续性。

（5）废弃材料处理

应注意不对绿化工程、防护工程和水资源造成污染，必要时应采取环境保护措施。

（6）半刚性基层沥青路面的基层重排与面层的施工安排

宜在同一年内施工，以减少半刚性基层的反射性裂缝和沥青面层的早期损坏。

2.对路面工程的基本要求

一般说来，不同等级的公路对路面的使用品质具有不同的要求，主要表现在一定设计年限内允许通行的交通量和要求道路提供的服务等级。首先，路面在设计年限内通过预测交通量的情况下，路面应保持一定的承载能力和抗疲劳能力；其次，路面在风吹、日晒、雨淋、严寒、酷暑、冻融等复杂自然条件下，在设计年限内应保持一定的稳定性和耐久性；最后就是在设计年限内经过一定的养护管理，路面应具有与公路等级相适应的服务水平，为车辆行驶提供安全可靠、快捷舒适的服务。具体来说，对路面工程有以下要求：

（1）具有足够的强度和刚度

路面承受车辆在路面行驶时作用于路面的水平力、垂直力，并伴随着路面的变形（弯沉盆）和车辆的振动，受力模型比较复杂，会引起各种不同应力，如压应力、弯拉应力、剪应力等。路面的整体或结构的某一部分所受的力超出其承载能力，就出现路面病害，如断裂、沉陷等；在动载的不断作用下，进而出现碎裂和坑槽。因此必须保证路面整体和路面的组成部分具有足够的强度，包括修建路面的原材料，如砂石、水泥等，复合性材料，如水泥混凝土、沥青混凝土和路面结构本身。

刚度是指路面抵抗变形的能力，刚度不足时路面在车辆荷载的作用下也会产生变形、车辙、沉陷、波浪等破坏现象，因此要求路面具有足够的刚度，使路面整体和各组成部分的变形量控制在弹性变形范围内。

（2）具有足够的稳定性

路面结构袒露在自然环境之中，经受水和温度等影响，使其力学性能和技术品质发生变化，路面稳定性包括以下内容：①高温稳定性：在夏季高温条件下，沥青材料如没有足够的抗高温能力，会发生泛油、面层软化，在车辆荷载的作用下产生车辙、波浪和推挤，水泥路面则可能发生拱胀开裂。②低温抗裂性：冬季低温条件下，路面材料如没有足够的抗低温能力，会出现收缩、脆化或开裂，水泥路面也会出现收缩裂缝，气温骤变时出现翘曲而破坏。③水温稳定性：雨季路面结构应有一定的防水、抗水或排水能力，否则在水的浸泡作用下，强度会下

降，甚至出现剥离、松散、坑槽等破坏。

（3）具有足够的平整度

路面应有良好的平整度，不平整的路面会使车辆颠簸，行车阻力增大影响行车安全和司乘舒适，加剧路面和车辆的损坏，因此，路面应具有与公路等级相适应的平整度。

（4）粗糙度和抗滑性能

路面表层直接接触车轮，路面表层应有一定的粗糙度和抗滑性能，车轮和路面表层间应有足够的附着力和摩擦阻力，保证车在爬坡、转弯、制动时车轮不空转或打滑，路面抗滑性不仅对保证安全行车十分重要，而且对提高车辆的运营效益也有重要意义。

（5）耐久性

阳光的暴晒、水分的浸入和空气氧化作用都会对路面结构和材料产生作用，尤其是沥青材料会出现老化，并失去原有的技术品质，导致路面开裂、脱落，甚至大面积的松散破坏。因此在路面修筑时，应尽可能选用有足够抗疲劳、抗老化、抗变形能力的路用材料，以提高路面的耐久性，延长路面的使用寿命。

（6）尽可能低的扬尘性

汽车在路面上行驶，车身后及轮胎后产生的真空吸力作用将吸引路面表层或其中的细颗粒料而引起尘土飞扬，造成污染并影响行车视距，给沿线居民卫生和农作物造成不良影响，尤其以砂石路面为甚。所以除非在交通量特别小或抢修临时便道的情况下，一般不要用砂石路面结构。

（7）具有尽可能低的噪声

噪声污染也影响居民的正常生活，穿越居民区的公路路面可采用减噪混凝土，以降低噪声。

### （三）路面施工用材料

路面工程施工中，材料起着至关重要的作用，有些新建公路路面工程出现早期破坏，材料质量是最重要的影响因素。路面结构层所用材料应满足强度、稳定性和耐久性等要求。路面施工需用材料广泛，物理力学性能各异，有些材料适用于路面基层，有些材料适用于路面面层，也有些材料既可用于基层也可用于面层，但技术要求和力学性能指标略有不同，以下对路面工程所用的主要工程材料的分类和基本要求进行分述。

1.路面材料的分类

路面材料从工程质量控制角度出发，应对集料、结合料质量进行监控，同时也应对路面混合料及辅助材料进行质量监控，只有这样才能更好地保证路面工程质量。

2.路面材料的基本要求

路面用材料种类繁多，需求量大。路面各结构层使用的材料均应满足强度、稳定性和耐久性的要求，以保证路面各层次质量。选择路面用材料时也应依照因地制宜的原则，但更重要的是各类路面材料必须符合路面各结构层次的技术要求。

（1）基层底基层用材料

①水泥

普通硅酸盐水泥、矿渣硅酸盐水泥和火山灰质硅酸盐水泥均可用作基层结合料，但宜选用终凝时间较长的水泥。

②石灰

石灰质量应符合《建筑生石灰》和《建筑消石灰》规定的合格以上级的生石灰或消石灰的技术指标。

③粉煤灰

粉煤灰中$SO_2$、$Al_2O_3$和$Fe_2O_3$的总含量应大于70%，烧失量不宜大于20%，比表面积宜大于2500$cm^2/g$。

④细粒土

无机结合料稳定的细粒土，其技术要求应符合规定。

⑤中粗粒土

级配碎石、未筛分碎石、砂砾、碎石土、砂砾土均可作为路面基层材料，其颗粒直径不宜大于37.5mm。集料压碎值：高速公路和一级公路按结构层次和结构类型一般应不大于30%，二级公路一般不大于30%～35%，三级及以下公路一般不大于35%～40%。

（2）沥青面层用材料

①道路石油沥青

a.各个沥青等级适用范围应符合的规定：道路石油沥青的质量应符合规范规

定的技术要求。经建设单位同意，沥青的PI值、60℃动力黏度，15℃延度可作为选择性指标。b.沥青路面采用的沥青标号，宜按照公路等级、气候条件、交通条件、路面类型及在结构层中的层位及受力特点、施工方法等，结合当地的使用经验，经技术论证后确定。

②乳化沥青

a.乳化沥青适用于沥青表面处置路面、沥青灌入式路面、冷拌沥青混合料路面，修补裂缝，喷洒透层、黏层与封层等。b.乳化沥青的质量应符合相关规范的规定。c.乳化沥青类型根据集料品种及使用条件选择。阳离子乳化沥青可适用于各种集料品种，阴离子乳化沥青适用于碱性石料。乳化沥青的破乳速度、黏度宜根据用途与施工方法选择。d.制备乳化沥青用的基质沥青，对高速公路和一级公路，宜符合《道路石油沥青》中A、B级沥青的要求，其他情况可采用C级沥青。贮存期以不离析、不冻结、不破乳为度，宜存放在立式罐中，并保持适当搅拌。

③液体石油沥青

a.液体石油沥青适用于透层、黏层及拌制冷拌沥青混合料。根据使用目的与场所，可选用快凝、中凝、慢凝的液体石油沥青，其质量应符合相关规范规定。b.液体石油沥青宜采用针入度较大的石油沥青，使用前按先加热沥青后加稀释剂的顺序，掺配煤油或轻柴油，经适当的搅拌、稀释制成。掺配比例根据使用要求由试验确定。

④煤沥青

a.道路用煤沥青的标号根据气候条件、施工温度、使用目的选用，其质量应符合相关规范的规定。b.各种等级公路的各种基层上的透层，宜采用T-1或T-2级，其他等级不符合喷洒要求时可适当稀释使用；三级及三级以下的公路铺筑表面处置或灌入式沥青路面，宜采用T-5、T-6或T-7级；与道路石油沥青、乳化沥青混合使用，以改善渗透性。c.道路用煤沥青严禁用于热拌热铺的沥青混合料，做其他用途时的贮存温度宜为70~90℃，且不得长时间贮存。

⑤改性沥青

a.改性沥青可单独或复合采用高分子聚合物、天然沥青及其他改性材料制作。b.各类聚合物改性沥青的质量应符合相关规范的规定，当使用其他聚合物及复合改性沥青时，可通过试验研究制定相应的技术要求。c.改性沥青须在固定式工厂或在现场设厂集中制作，改性沥青的加工温度不宜超过180℃。

⑥粗集料

a.沥青层用粗集料包括碎石、破碎砾石、筛选砾石、钢渣、矿渣等，但高速公路和一级公路不得使用筛选砾石和矿渣。粗集料必须由具有生产许可证的采石场生产或施工单位自行加工。b.粗集料应该洁净、干燥、表面粗糙，质量应符合规范的规定。当单一规格集料的质量指标达不到要求，而按照集料配合比计算的质量指标符合要求时，工程上允许使用。对受热易变质的集料，宜采用经拌和机烘干后的集料进行检验。c.粗集料的粒径规格应按照规范的规定选用。破碎砾石应采用粒径大于50mm、含泥量不大于1%的砾石轧制，经过破碎且存放期超过6个月的钢渣可作为粗集料使用。钢渣在使用前应进行活性检验。要求钢渣中的游离氧化钙含量不大于3%，浸水膨胀率不大于2%。

⑦细集料

a.沥青路面的细集料包括天然砂、机制砂和石屑，其规格应分别符合相关规范要求。b.细集料应洁净、干燥、无风化、无杂质，并有适当的颗粒级配。细集料的洁净程度，天然砂以小于0.075mm含量的百分数表示，石屑和机制砂以砂当量或亚甲蓝值表示。c.热拌密级配沥青混合料中天然砂的用量通常不应超过集料总量的20%，并且是在不得已情况下经试验论证后才可采用，SMA和OGFC混合料不得使用天然砂。

⑧填料

a.沥青混合料的矿粉必须采用石灰岩或岩浆岩中的强基性岩石等憎水性石料经磨细得到的矿粉，原石料中的泥土杂质应除净。矿粉应干燥、洁净，能自由地从矿粉仓流出，其质量应符合相关规范的规定。b.拌和机的粉尘严禁回收使用。c.粉煤灰作为填料使用时，用量不得超过填料总量的50%，粉煤灰的烧失量应小于12%，与矿粉混合后的塑性指数应小于4%，其余质量要求与矿粉相同。高速公路、一级公路的沥青面层不宜采用粉煤灰做填料。

（3）水泥路面用材料

①水泥

a.各等级公路均宜优先选用旋窑生产的道路硅酸盐水泥，确有困难时或中轻交通路面可以使用立窑水泥，低温天气施工或有快速通车要求的路段可采用R型早强水泥。各交通等级路面用水泥的抗折强度、抗压强度应符合规范的规定。b.水泥进场时每批量应附有化学成分、物理、力学指标合格的检验证明。各交通等级路面所使用水泥的化学成分、物理性能等品质要求应符合规范的规定。c.采用机械化铺筑时，宜选用散装水泥。散装水泥的夏季出厂温度：南方不宜高于65℃，北方不宜高于5℃；混凝土搅拌时的水泥温度：南方不宜高于60℃，北方不宜高于50℃，且不宜低于10℃。d.当铺混凝土和碾压混凝土用作基层时，可使用各种硅酸盐类水泥。不掺用粉煤灰时，宜使用强度等级32.5级以下的水泥。掺用粉煤灰时，只能使用道路水泥、硅酸盐水泥、普通水泥。水泥的抗压强度、抗折强度、安定性和凝结时间必须检验合格。

②粉煤灰及其他掺合料

a.混凝土路面在掺用粉煤灰时，应掺用质量指标符合规定的电收尘Ⅰ、Ⅱ级干排或磨细粉煤灰，不得使用Ⅲ级粉煤灰。贫混凝土、碾压混凝土基层或复合式路面下面层应掺用符合规定的Ⅲ级或Ⅲ级以上粉煤灰，不得使用等外粉煤灰。b.粉煤灰宜采用散装灰，进货应有等级检验报告，并了解所用水泥中已经加入的掺合料种类和数值。c.路面和桥面混凝土中可使用硅灰或磨细矿渣，使用前应经过试配检验，确保路面和桥面混凝土弯拉强度、工作性、抗磨性、抗冻性等技术指标合格。

③粗集料

a.粗集料应使用质地坚硬、耐久、洁净的碎石、碎卵石和卵石，并应符合规范的规定。高速公路、一级公路、二级公路及有抗（盐）冻要求的三、四级公路混凝土路面使用的粗集料级别应不低于Ⅱ级，无抗（盐）冻要求的三、四级公路混凝土路面、碾压混凝土及贫混凝土基层可使用Ⅲ级粗集料。有抗（盐）冻要求时，Ⅰ级集料吸水率不应大于1.0%；Ⅱ级集料吸水率不应大于2.0%。b.用作路面和桥面混凝土的粗集料不得使用不分级的统料，应按最大公称粒径的不同采用2~4个粒级的集料进行掺配，并应符合合成级配的要求。卵石最大公称粒径不宜大于19.0mm；碎卵石最大公称粒径不宜大于26.5mm；碎石最大公称粒径不应大于31.5mm；贫混凝土基层粗集料最大公称粒径不应大于31.5mm；钢纤维混凝土与碾压混凝土粗集料最大公称粒径不宜大于19.0mm。碎卵石或碎石中粒径小于75μm的石粉含量不宜大于1%。

④细集料

a.细集料应采用质地坚硬、耐久、洁净的天然砂、机制砂或混合砂，并应符合规定。高速公路、一级公路、二级公路及有抗（盐）冻要求的三、四级公路混凝土路面使用的砂应不低于Ⅱ级，无抗（盐）冻要求的三、四级公路混凝土路面、碾压混凝土及贫混凝土基层可使用Ⅲ级砂。特重、重交通混凝土路面宜使用河沙，砂的硅质含量不应低于25%。b.细集料的级配要求应符合规定，路面和桥面用天然砂宜为中砂，也可使用细度模数在2.0～3.5的砂。同一配合比用砂的细度模数变化范围不应超过0.3，否则应分别堆放，并调整配合比中的砂率后使用。c.路面和桥面混凝土所使用的机制砂还应检验砂浆磨光值，其值宜大于35，不宜使用抗磨性较差的泥岩、页岩、板岩等水成岩类母岩生产机制砂。配制机制砂混凝土应同时掺引气高效减水剂。d.在河沙资源紧缺的沿海地区，二级及二级以下公路混凝土路面和基层可使用淡化海砂，缩缝式传力杆混凝土路面不宜使用淡化海砂，钢筋混凝土及钢纤维混凝土路面和桥面不得使用淡化海砂。淡化海砂带入每立方米混凝土中的含盐量不应大于1.0kg，碎贝壳等甲壳类动物残留物含量不应大于1.0kg。

⑤水

饮用水可直接用作混凝土搅拌和养护用水。如果有质疑，检验硫酸盐含量小于$0.0027mg/mm^3$，含盐量不得超过$0.005mg/mm^3$，pH值不得小于4，合格后方可使用。

⑥外加剂

a.外加剂的产品质量应符合各项技术指标。供应商应提供有相应资质外加剂检测机构的品质检测报告，检验报告应说明外加剂的主要化学成分，认定对人员无毒副作用。b.引气剂应选用表面张力降低值大、水泥稀浆中起泡容量多而细密、泡沫稳定时间长、不溶残渣少的产品。有抗冰（盐）冻要求地区，各交通等级路面、桥面、路缘石、路肩及贫混凝土基层必须使用引气剂；无抗冰（盐）冻要求地区，二级及二级以上公路路面混凝土中应使用引气剂。c.各交通等级路面、桥面混凝土宜选用减水率大、坍落度损失小、可调控凝结时间的复合型减水剂。高温施工宜使用引气缓凝（保塑、高效）减水剂；低温施工宜使用引气早强（高效）减水剂。选定减水剂品种前，必须与所用的水泥进行适应性检验。d.处在海水、海风、氯离子、硫酸根离子环境的或冬季撒除冰盐的路面或桥面钢筋混凝土、钢纤维混凝土中宜掺阻锈剂。

⑦钢筋

各交通等级混凝土路面、桥面和搭板所用钢筋网、传力杆、拉杆等钢筋应符

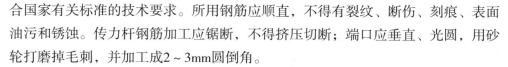

合国家有关标准的技术要求。所用钢筋应顺直，不得有裂纹、断伤、刻痕、表面油污和锈蚀。传力杆钢筋加工应锯断，不得挤压切断；端口应垂直、光圆，用砂轮打磨掉毛刺，并加工成2～3mm圆倒角。

⑧钢纤维

用于公路混凝土路面和桥面的钢纤维应满足《混凝土用钢纤维》的规定，单丝钢纤维抗拉强度不宜小于600mPa。钢纤维长度应与混凝土粗集料最大公称粒径相匹配，最短长度宜大于粗集料最大公称粒径的1/3；最大长度不宜大于粗集料最大公称粒径的2倍；钢纤维长度与标称值的偏差不应超过±10%。

路面和桥面混凝土中，宜使用防锈蚀处理的钢纤维和有锚固端的钢纤维，不得使用表面磨损前后裸露尖端导致行车不安全的钢纤维和搅拌易成团的钢纤维。

⑨接缝材料

a.胀缝板：宜选用适应混凝土面板膨胀和收缩，施工时不变形、弹性复原率高、耐久性好的产品。高速公路、一级公路宜采用塑胶、橡胶泡沫板或沥青纤维板，其他公路可采用各种胀缝板。b.填缝材料：填缝材料应具有与混凝土板壁黏结牢固、回弹性好、不溶于水、不渗水，高温时不挤出、不流淌，抗嵌入能力强、耐老化龟裂，负温拉伸量大，低温时不脆裂、耐久性好等性能。

（四）路面施工的基本方法

路面工程是层状结构，路面工程施工的共同点是几乎所有的路面结构（手摆拳石和条石路面等结构除外）都需要拌和混合料、摊铺和压实三道工序，路面工程施工主要有三种方法：人工路拌法、机械路拌法、厂拌机铺法。

1.人工路拌法

20世纪80年代以前路面工程施工主要采取这种方法。人工摊土（石料）、人工拌和、简易机械压实，基层施工主要有人工翻拌法、人工筛拌法等，沥青面层施工主要有沥青灌入式和人工冷拌沥青混合料、使用炒盘人工拌和沥青混合料等。其主要的特点是：用工数量大，劳动强度大，工作效率低，工程质量受人为因素影响大，且质量不稳定，安全生产和防护措施比较严格，安全生产难度大。

2.机械路拌法

20世纪80年代以后，我国开始引进德国生产的宝马牌路拌机，路面基层施工开始采用以机械路拌法为主的施工方法，其操作是以人工或机械分层摊铺各种路用材料，然后用路拌机械拌和，整形后碾压成形，也是目前路面底基层和二级以下公路路面基层常用的施工方法。其主要特点是：用人工数量大大减少，混合料拌和质量较好，但如不严控拌和深度，易出现素土夹层。对于高速公路和一级公路除直接和土基相邻的路面底基层外，不宜采用机械路拌法施工，而应采取厂拌机铺法施工。

3.厂拌机铺法

随着高速公路的快速发展，无机结合料稳定粒料路面基层得到广泛应用，这种结构多使用厂拌机铺法，此外，沥青碎石和沥青混凝土路面的施工，水泥混凝土路面的施工，也采用厂拌机铺法，即用专门的厂拌机械拌制混合料，用专门的摊铺机械摊铺路面的施工方法。其主要特点是：机械化程度高，混合料配比准确，厚度控制、高程控制比较直观，但需要大量的自卸运输车辆。

（五）路面工程试验路段

在进行大面积施工之前，修筑一定长度的试验路段是很必要的，在高速公路与一级公路的工程实践中，施工单位通过修筑试验路段，进行施工优化组合，把施工中存在的问题找出来，并采取措施予以克服，提出标准的施工方法和施工组合用来指导大面积施工，从而使整个工程施工质量高、进度快。

修筑试验路段的任务是：检验拌和、运输、摊铺、碾压、养生等拟投入设备的可靠性；检验混合料的组成设计是否符合质量要求及各道工序的质量控制措施；提出用于大面积施工的材料配比和松铺系数；确定每一作业段的合适长度和一次铺筑的合理厚度；对于沥青混合料还应提出施工温度的保障措施，水泥稳定类混合料还应提出在延迟时间内完成碾压的保证措施等；最后提出标准施工方法。标准施工方法主要内容应包括：集料与结合料数量的控制与计量方法；摊铺方法；合适的拌和方法：拌和深度、拌和速度、拌和遍数；混合料最佳水量控制方法；沥青混合料油石比的控制方法；整平和整形的合适机具与方法；平整度及厚度的控制方法；压实机械的组合、压实顺序、速度和遍数；压实度的检查方法和对比试验，机械的选型与配套，自卸车辆与摊铺机械的配合等。

# 第三节　市政管道工程

## 一、给水管道工程

### （一）给水管网布置原则及布置形式

1.给水管网布置原则

给水管网（又称配水管网）的布置应考虑如下原则：①应选择经济合理的线路。尽量做到线路短、起伏小、土石方工程量少、减少跨（穿）越障碍次数、避免沿途重大拆迁、少占农田和不占农田。②走向和位置应符合城市和工业企业的规划要求，并尽可能沿现有道路或规划道路敷设，以利施工和维护。城市配水干管宜尽量避开城市交通干道。③应尽量避免穿越河谷、山脊、沼泽、重要铁路和泄洪地区，并注意避开地震断裂带、沉陷、滑坡、坍方以及易发生泥石流和高侵蚀性土壤地区。④生活饮用水输配水管道应避免穿过毒物污染及腐蚀性等地区，必须穿过时应采取防护措施。⑤应充分利用水位高差，结合沿线条件优先考虑重力输水。如因地形或管线系统布置所限必须加压输水时，应根据设备和管材选用情况，结合运行费用分析，通过技术经济比较，确定增压级数、方式和增压站点。⑥路线的选择应考虑近远期结合和分期实施的可能。⑦城市供水应采用管道或暗渠输送原水。当采用明渠时，应采取保护水质和防止水量流失的措施。⑧走向与布置应考虑与城市现状及规划的地下铁道、地下通道、人防工程等地下隐蔽性工程的协调与配合。⑨当地形起伏较大时，采用压力输水的输水管线的竖向高程布置，一般要求在不同工况输水条件下，位于输水水力坡降线以下。⑩在输配水管渠线路选择时，应尽量利用现有管道，减少工程投资，充分发挥现有设施作用。

2.给水管网布置形式

一般给水管网有两种基本布置形式，即树状管网和环状管网。

树状管网一般适用于小城市和小型工矿企业，这类管网从水厂泵站或水塔到用户的管线布置成树枝状。树状管网布置简单，供水直接，管线长度短，节省投资。但供水可靠性较差，因为一旦管网中任一段管线损坏，该管段以后所有的管线就会断水。另外，在树状管网的末端，因用水量已经很小，管中的水流缓慢，甚至停滞不流动，因此水质容易变坏，有出现浑水和红水的可能。

环状管网中，管线连接成环状，这类管网当任一管段损坏时，可以关闭附近的阀门使其和其余管线隔开，然后进行检修，水还可从另外管线供应用户，断水的地区可以缩小，从而供水可靠性增加。环状管网还可以大大减轻因水炊作用产生的危害，而在树状管网中，则因此而使管线损坏。但是，环状管网的造价明显比树状管网高。

一般来说，城镇给水宜设计成环状管网，当需要供水可靠性低、允许间断供水时，可设计成树状管网，但要考虑后期连接成环状管网的可能性，保留发展余地。

## （二）给水管网定线

### 1.城市给水管网

城镇给水管网定线是指在城镇地形平面图上确定管线的走向和位置。定线时一般只限于管网的干网以及干管之间的连接管，不包括从干管到用户的分配管和接到用户的进水管。

由于给水管线一般敷设在街道下，就近供水给两侧用户，所以管网的形状常随城市总平面布置图确定。城市管网定线取决于城市平面布置，供水的地形，水源和调节水池位置，街区和用户特别是大用户的分布，河流、铁路、桥梁等的位置等，考虑的要点如下：①定线时，干管延伸方向应和二级泵站输水到水池、水塔、大用户的水流方向一致。循水流方向，以最短的距离布置一条或数条干管，干管位置应从用水量较大的街区通过。干管的间距，可根据街区情况，采用500～800m。从经济上来说，给水管网的布置采用一条干管接出许多支管，形成树状管网，费用最省，但从供水可靠性角度，以布置几条接近平行的干管并形成环状管网为宜。②干管和干管之间的连接管使管网形成了环状管网。连接管的作用在于局部管线损坏时，可以通过它重新分配流量，从而缩小断水范围，较可靠地保证用水。连接管的间距可根据街区的大小采用800～1000m。③干管一般按城市规划道路定线，但尽量避免在高级路面或重要道路上通过，以减小今后检修时的困难。管线在道路下的平面位置和标高，应符合城市或厂区地下管线综合设计的要求，给水管线和建筑物、铁路以及其他管道的水平净距，均应参照有关规定。④考虑了上述要求，城市管网将是树状管网和若干环组成的环状管网相结合的形式，管线大致均匀地分布于整个给水区。⑤管网中还须安排一些其他的管线和附属设备，例如，在供水范围内的道路下需敷设分配管，以便把干管的水送到用户和消火栓。分配管直径至少为100mm，大城市采用150～200mm，主要原因是考虑通过消防流量时分配管中的水头损失不致过大，火灾地区的水压不致过低。⑥城镇内的工厂、学校、医院等用水均从分配管接出，再通过房屋进水管接到用户。一般建筑物用一条进水管，用水要求较高的建筑物或建筑物群，有时在不同部位接入两条或数条进水管，以增加供水的可靠性。

2.工业企业管道系统

工业企业内的管道系统布置有其自身的特点。根据企业内的生产用水和生活用水对水质和水压的要求，两者可以合用一个管道系统，或者可按水质或水压的不同要求分建两个管道系统。即使是生产用水，由于各车间对水质和水压要求不完全一样，因此在同一工业企业内，往往根据水质和水压要求，分别布置管网，形成分质、分压的管网系统。消防用水管通常不单独设置，而是由生活或生产给水管网供给消防用水。

根据工业企业的特点，可采取各种管道布置形式。例如，生活用水管道系统不供给消防给水时，可为树状管网，分别供应生产车间、仓库、辅助设施等处的生活用水。生活和消防用水合并的管道系统，应为环状管网。

生产用水管网可按照生产工艺对给水可靠性的要求，采用树状管网、环状管网或两者相结合的形式。不能断水的企业，生产用水管道系统必须是环状管网，到个别距离较远的车间可用双管代替环状管网。大多数情况下，生产用水管道系统是环状管网、双管和树状管网的结合形式。

大型工业企业的各车间用水量一般较大，所以生产用水管网不像城市管网那样易于划分干管和分配管，定线和计算时全部管线都要加以考虑。

### （三）输水管（渠）定线

从水源到水厂或水厂到管道系统的管道（或渠道）称为输水管（渠）。当水源、水厂和给水区的位置接近时，输水管渠的定线问题并不突出。但是由于需水量的快速增长以及水源污染的日趋严重，为了从水量充沛、水质良好、便于防护的水源取水，就需要几十千米甚至几百千米外取水的远距离输水管渠，定线就比较复杂。

输水管（渠）的一般特点是断面大、距离长，因此与河流、高地、交通路线等的交叉较多。

输水管（渠）有多种形式，常用的有压力输水管（渠）和无压输水管（渠）。远距离输水时，可按具体情况，采用不同的管渠形式，用得较多的是压力输水管（渠）。

多数情况下，输水管（渠）定线时，缺乏现成的地形平面图可以参照。当有地形图时，应先在图上初步选定几种可能的定线方案，然后到现场沿线踏勘了解，从投资、施工、管理等方面，对各种方案进行技术经济比较后再做决定。缺乏地形图时，则需在踏勘选线的基础上，进行地形测量，绘出地形图，然后在图上确定管线位置。

输水管（渠）定线时，必须与城镇建设规划相结合，尽量缩短线路长度，减少拆迁，少占农田，便于管渠施工和运行维护，保证供水安全；选线时，应选择最佳的地形和地质条件，尽量沿现有道路定线，以便施工和检修；减少与铁路、公路和河流的交叉；避免穿越滑坡、岩层、沼泽、高地下水位和河水淹没与冲刷地区，以降低造价和便于管理。这些是输水管（渠）定线的基本原则。

当输水管（渠）定线时，经常会遇到山嘴、山谷、山岳等障碍物以及穿越河流和干沟等。这时应考虑：在山嘴地段是绕过山嘴还是开凿山嘴；在山谷地段是延长路线绕过还是采用倒虹管；遇独山时是从远处绕过还是开凿隧洞通过；穿越河流或干沟时是用过河管还是倒虹管等。即使在平原地带，为了避开工程地质不良地段或其他障碍物，也须绕道而行或采取有效措施穿过。

输水管（渠）定线时，前述原则难以全部做到，但因输水管（渠）投资很大，特别是远距离输水时，必须重视这些原则，并根据具体情况灵活运用。

路线选定后，接下来要考虑采用单管（渠）输水还是双管（渠）输水，管线

上应布置哪些附属构筑物，以及输水管的排气和检修放空等问题。

为保证安全供水，可以用一条输水管（渠）在用水区附近建造水池进行流量调节，或者采用两条输水管（渠）。输水管（渠）条数主要根据输水量、事故时需保证的用水量、输水管渠长度、当地有无其他水源和用水量增长情况而定。供水不许间断时，输水管（渠）一般不宜少于两条。当输水量小、输水管长，或有其他水源可以利用时，可考虑单管（渠）输水另加调节水池的方案。

输水管（渠）的输水方式可分为两类：第一类是水源低于给水区，如取用江河水时，需要采用泵站加压输水，根据地形高差、管线长度和水管承压能力等情况，有时需在输水途中再设置加压泵站；第二类是水源位置高于给水区，如取用蓄水库水时，有可能采用重力管（渠）输水。

根据水源和给水区的地形高差及地形变化，输水管（渠）可以是重力式或压力式。远距离输水时，地形往往有起伏，采用压力式的较多。重力管（渠）的定线比较简单，可敷设在水力坡线以下并且尽量按照最短的距离供水。

远距离输水时，一般情况往往是加压和重力输水两者的结合形式。有时虽然水源低于给水区，但个别地段也可借重力自流输水；水源高于给水区时，个别地段也有可能采用加压输水。

管线埋深（即埋设深度，指管道内壁底部到地面的距离）应按当地条件决定，在严寒地区敷设的管线应注意防止冰冻。合理地确定管道埋设深度对于降低工程造价十分重要，在土质较差、地下水位较高的地区，若能设法减小管道埋深，可以明显降低工程造价，但覆土厚度（指管道外壁顶部到地面的距离）应有一个最小的限值，否则技术上无法满足要求。

## 二、排水管道工程

### （一）排水管道系统布置原则和形式

1.工业企业排水系统和城市排水系统的关系

在规划工业企业排水系统时，对于工业废水的治理，应首先从改革生产工艺和技术革新入手，力求把有害物质消除在生产过程之中，做到不排或少排废水。对于必须排出的废水，还应采取以下措施：①采用循环利用和重复利用系统，尽量减少废水排放量。②按不同水质分别回收利用废水中的有毒物质，创造财富。

③利用本厂和厂际的废水、废气、废渣，以废治废。无废水、无害生产工艺、闭合循环重复利用以及不排或少排废水，是控制污染的有效途径。

当工业企业位于城市内，应尽量考虑将工业废水直接排入城市排水系统，利用城市排水系统统一排除和处理，这是比较经济的，既可以减少污水处理厂数量，降低成本造价，又利于进行集中管理。但不是所有工业企业废水都能直接排入城市排水系统，因为有些工业废水中含有有害和有毒物质，可能出现破坏排水管道、影响生活污水的处理、影响管道系统和运行管理等问题。

工业废水排入城市排水系统的水质，应以不影响城市排水管渠和污水处理厂等的正常运行，不对养护管理人员造成危害，不影响污水处理厂出水和污泥的排放和利用为原则。当工业企业排出的工业废水不能满足上述要求时，应在厂区内设置废水的局部处理设施，以满足排入城市排水管道所要求的条件，然后再排入城市排水管道。当工业企业位于城市远郊区或距离市区较远时，符合排入城市排水管道的工业废水是直接排入城市排水管道还是单独设置排水系统，应根据实际情况比较确定。

2.排水管道系统布置原则

排水管道系统布置需遵照如下原则：①根据城市总体规划，结合当地实际情况布置排水管道，并对多方案进行技术经济比较。②首先确定排水区界、排水流域和排水体制，然后布置排水管道，应按从主干管、干管、支管的顺序进行布置。③充分利用地形，尽量采用重力流排除污水和雨水，并力求使管线最短和埋深最小。④协调好与其他地下管线和道路等工程的关系，考虑好与企业内部管网的衔接。⑤规划时要考虑到管渠的施工、运行和维护方便。⑥规划布置时应将远期近期相结合，考虑分期建设的可能性，并留有充分的发展余地。

3.排水管道系统布置形式

城市、居住区或工业企业的排水系统在平面上的布置，应根据地形、竖向规划、污水处理厂的位置、土壤条件、河流情况，以及污水的种类和污染程度等因素而定。在工厂中，车间的位置、厂内交通运输线，以及地下设施等因素都会影响工业企业排水系统的布置。在布置排水管道系统时，还要考虑节约能源和节约用地，做到因地制宜。

（1）平行式

平行式即排水干管与地形等高线平行，主干管与等高线垂直的布置形式。适

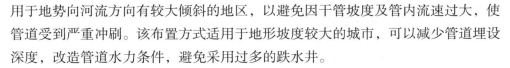

用于地势向河流方向有较大倾斜的地区，以避免因干管坡度及管内流速过大，使管道受到严重冲刷。该布置方式适用于地形坡度较大的城市，可以减少管道埋设深度，改造管道水力条件，避免采用过多的跌水井。

（2）正交式

正交式即排水干管与等高线垂直相交，而主干管与等高线平行敷设的形式。适用于地势向水体适当倾斜的地区。正交布置的干管长度短、管径小，因而经济，污水排出也迅速。但是由于污水未经处理就直接排放，会使水体遭受严重污染，影响环境，因此多用于排放雨水。

（3）截流式

截流式即在正交式的基础上，沿河岸再敷设主干管，并将各干管的污水截流送至污水处理厂的形式，是正交式发展的结果。截流式布置对减轻水体污染，改善和保护环境有重大作用。适用于分流制污水排水系统，将生活污水及工业废水经处理后排入水体；也适用于区域排水系统，区域主干管截流各城镇的污水送至区域污水处理厂进行处理。对于截流式合流制排水系统，因雨天有部分混合污水泄入水体，会造成水体污染。

（4）分区式

分区式即分别在高地区和低地区敷设独立的管道系统的形式。适用于地势相差很大的地区，污水不能靠重力流流至污水处理厂。高地区的污水靠重力流直接流入，低地区的污水用水泵抽送至高地区干管或污水处理厂。这种布置适用于个别阶梯形地区或起伏很大的地区，优点是能充分利用地形排水，节省电力。如果将高地区的污水排至低地区，然后再用水泵一起抽送是不经济的。

（5）辐射式

辐射式即各排水流域的干管采用辐射状分散布置，使各排水系统流域具有独立的排水系统的布置形式。适用于城市周围有河流，或城市中央部分地势高、地势向周围倾斜的地区。这种布置具有干管长度短、管径小、管道埋深可能浅、便于污水灌溉等优点，但污水处理厂和泵站的数量将增多。

（6）环绕式

环绕式即沿四周布置主干管，将各干管的污水截流送往污水处理厂的布置形式，是由分散式发展而成，由于建造污水处理厂用地不足，建造大型污水处理厂的基建投资和运行管理费用也较建小型厂经济等原因，故不希望建造数量多规模小的污水处理厂，而倾向建造规模大的污水处理厂。

4.雨水管渠系统布置

（1）充分利用地形，就近排入水体

雨水一般可就近排入水体。但在降雨初期，雨水溶解空气中的酸性气体、粉尘等污染物，落入地面时又冲刷了建筑工地、路面，使得前期的水中含有大量病原体、重金属、油脂、有机物等污染物质，直接排入水体时，其污染程度甚至超过了普通的城市污水的污染程度。故充分利用地形，合理设计管渠系统，利用坑塘、湿地、驳岸对雨水净化后就近排入水体非常必要。

一般情况下，要在满足流速、充满度等要求的前提下，尽量使雨水管道坡度和埋深接近地面坡度就近排入水体。因为若要提升雨水，所建泵站投资很大，运行时用电量也很大，很有可能在暴雨强度较大时，在中小城市中影响到正常用电。这与污水管一般要敷设在雨水管下方，减少其埋深的经济性要求相符。但有些情况明显不适宜，如在地势向河流方向有较大倾斜的区域，为避免流速过大，使管道受到严重冲刷，可使干管与等高线及河道基本平行，主干管与等高线及河道成一定斜角敷设，即平行式布置。

当雨水管渠接入池塘或河道时，此时出水口构造简单，造价较低，应多考虑采用分散出水口式的管道布置。而若是河流水位变化很大，或管道出水口离水体较远，需要泵站辅助提升时，应考虑出水口尽量集中排放，以减少泵房建设。同时应在泵站前设置调节池，来减少雨水泵站的流量，以节省泵站工程造价及平时的运行费用。

（2）根据城市规划布置雨水管道

通常应根据建筑物的分布、道路的布置以及街区内部的地形等布置雨水管道，使街区内绝大部分雨水以最短距离排入街道底侧的雨水管道。雨水管道应平行道路敷设，且应尽量布置在人行道或草地带下，而不宜布置在快车道下，以免积水时影响交通或维修管道时破坏路面，当道路宽度大于40m时，可考虑在道路两侧分别设置雨水管道。

雨水管道的平面布置与竖向布置应考虑与其他地下构筑物的协调配合。在有池塘、坑洼的地方，可考虑雨水的调蓄。在有连接条件的地方，应考虑两个管道系统之间的连接。

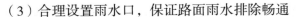

（3）合理设置雨水口，保证路面雨水排除畅通

雨水口应根据地形以及汇水面积确定，一般在道路交叉口的汇水点、低洼地段、道路直线段（25～50m）均应设置雨水口。

（4）雨水管渠采用明渠或暗管，应结合具体条件确定

在城市市区或工厂内，由于建筑密度、交通流量较大，雨水管道一般采用暗管。在地形平坦地区，埋设深度或出水口深度受限制地区，可采用盖板渠排除雨水。在城郊、建筑密度较低、交通量较小的地方，可考虑采用明渠，以节省工程费用降低造价。但明渠容易淤积，滋生蚊蝇，影响环境卫生。

在每条雨水干管的起端，应尽可能采用道路边沟排除路面雨水，这样通常可以减少100～150m暗管长度，有利于减少工程造价。雨水暗管和明渠衔接处需采取一定的工程措施，以保证连接处良好的水力条件。通常做法是：当管道接入明渠时，管道应设置挡土的端墙，连接处的明渠应加铺砌；铺砌高度不低于设计超高，铺砌长度自管道末端算起3～10m。宜适当跌水，当跌差为0.3～2m时，需做45°斜坡，斜坡应加铺砌。当跌差大于2m时，应按水工构筑物设计。

明渠接入暗管时，除应采取上述措施外，尚应设置格栅，栅条间距采用100～150mm。也宜适当跌水，在跌水前3～5m处即需进行铺砌。

## （二）区域排水系统

城市污水和工业企业废水是造成水体污染的重要污染源。实践证明，对废水进行综合治理并纳入水污染防治体系是解决水污染的主要途径。发展区域性废水及水污染综合整治系统，可以在一个更大的范围内统筹安排经济、社会和环境的协调发展。区域是按照地理位置、自然资源和社会经济发展情况划定的，区域规划有利于对废水的所有污染源进行全面规划和综合整治，有利于建立区域性（或流域性）排水系统。

区域性排水系统是指将两个以上城镇地区的污水统一排出和处理的系统。这种系统是以一个大型区域污水处理厂代替许多分散的小型污水处理厂，这样就可以降低污水处理厂的基建和运行管理费用，而且能有效地防止工业和人口稠密地区的地面水污染，改善和保护环境。实践证明，生活污水和工业废水的混合处理效果及控制的可靠性，大型区域污水处理厂比分散的小型污水处理厂效果好。在工业和人口稠密的地区，将全部对象的排水问题同本地区的国民经济发展、城

市建设和工业扩大、水资源综合利用以及控制水体污染的卫生技术措施等各种因素综合考虑，研究解决方案是合理的。所以，区域排水系统是局部单项治理发展至区域综合治理，也是控制水污染、改善和保护环境的新进展。要解决好区域综合治理应运用系统工程学的理论和方法以及现代计算技术，对复杂的各种因素进行系统分析，建立各种模拟试验和数学模式，寻找污染控制设计和管理的最优化方案。

1.区域排水系统具有的优点

①污水处理厂数量少，处理设施大型化、集中化，每单位水量的基建和运行管理费用低，因而经济。②污水处理厂占地面积小，节省土地。③水质水量变化小，有利于运行管理。④河流等水资源利用与污水排放的体系合理化，而且可能形成统一的水资源管理体系等。

2.区域排水系统具有的缺点

①当排入大量工业废水时，有可能使污水处理发生困难。②工程设施规模大，造成运行管理困难，而且一旦污水处理厂运行管理不当，对整个河流影响较大。③因工程设施规模大，产生效益慢。

3.规划排水系统，需考虑的问题

在规划排水系统时，是否选择区域排水系统，应根据环境保护的要求，经过多方面比较来确定，需考虑的主要问题有：①近期和远期相结合的问题。②尽量采取改革生产工艺、厂内和厂际废水循环利用与重复利用等措施，减少工业废水排放量。③应考虑工业废水与生活污水混合处理，以及雨水和生产废水混合排出和利用的可能性。④对取水点的河水水质，应预计到当位于取水点上游的污水事故排出时所产生的后果。

（三）污水综合治理

城市污水和工业污水是造成水体污染的重要污染源。长期以来，对污水多采用消极的单向治理方式，水体污染未能得到很好的控制，还有日益加重之势。实践证明，对污水进行综合治理并纳入水污染防治体系，才是解决水污染的重要途径。

污水综合治理应当对污水进行全面规划和综合治理。做好这一工作是与很多因素有关的，如要求有合理的生产布局和城市规划；要合理利用水体、土壤等自然环境的自净能力；严格控制污水和污染物的排放量；做好区域性综合治理及建立区域排水系统等。

合理的生产布局，有利于合理开发和利用自然资源，达到既保证自然资源的充分利用，并获得最优的经济效果，又能使自然资源和自然环境免受破坏，并能减少污水及污染物的排放量。合理的生产布局也有利于区域污染的综合防治。由于城市污水和工业污水主要集中于城市，所以要做好城市的总体规划，如合理地布置居住区、商业区、工业区等，使产生污水和污染物的单位尽量布置在水源的下游，同时应做好水源保护和污水处理规划等。

各地区的水体、土壤等自然资源部不同程度地对污染具有稀释、转化、扩散、净化等能力，然而污水的最终出路是要排放水体或灌溉农田的，所以应当充分发挥和合理利用自然环境的自净能力。例如，由生物氧化塘、贮存湖和污水灌溉田等组成的土地处理系统便是一种节省能源和合理利用水资源的经济有效方法，它又是城市、农村作为土壤生态系统物质循环和能量交换的一种经济高效的系统，具有广阔发展前景。

严格控制污水及污水量的排放量。防止污水污染，不是消极处理已生产的污水，而是控制和消除产生污水的源头。如尽量做到节约用水、污水充分使用、采用闭路循环系统、发展不用水或少用水、采用无污染或少污染生产工艺等，以减少污水及污染物的排放量。

除了给排水管道工程、城市管道工程还有热力管道工程、燃气管道工程等，这里不再一一讨论。

# 第二章　市政工程施工基础

## 第一节　市政工程施工组织概论

### 一、市政工程项目与施工建设程序

（一）市政工程项目的概念

1.项目

在一定的约束条件下（资源条件、时间条件），具有明确目标的、有组织的一次性活动或任务。

项目具有下述特点。

（1）一次性

一次性又称项目的单件性，每个项目都具有与其他项目不同的特点，即没有完全相同的项目。

（2）目标的明确性

项目必须按合同约定在规定的时间和预算造价内完成符合质量标准的工作任务。没有明确目标就称不上项目。

（3）整体性

项目是一个整体，在协调组织活动和配置生产要素时，必须考虑其整体需要，以提高项目的整体优化。

2.市政工程项目

市政工程项目是指为完成依法立项的新建、改建、扩建的各类城市基础设施而进行的，在一定的约束条件下（资源、时间、质量）具有完整组织机构和明确目标的一次性建设工作或任务。它具有庞大性、固定性、多样性、持久性等特点。

## （二）市政工程项目的组成

市政工程项目按其构成的大小可分为单项工程、单位工程、分部工程、分项工程和检验批。

1.单项工程

单项工程是指具有独立设计文件，能独立组织施工，竣工后可以独立发挥生产能力和经济效益的工程，又称为工程项目。一个市政工程项目可以由一个或几个单项工程组成。例如，市政工程中的道路、立交、广场等均为单项工程。

2.单位工程

单位工程是指具有单独设计文件，可以独立施工，但竣工后一般不能独立发挥生产能力和经济效益的工程。一个单项工程通常由若干个单位工程组成。例如，城市道路工程通常由道路工程、管道安装工程、设备安装工程等单位工程组成。

3.分部工程

分部工程一般是按单位工程的部位、专业性质来划分的，是单位工程的进一步分解。例如，道路工程又可分为道路路基、道路基层、道路面层、人行道等分部工程。

4.分项工程

分项工程是分部工程的组成部分，一般是按分部工程的施工方法、施工材料、结构构件的规格等不同因素划分的，用简单的施工过程就能完成。例如，道路路基工程可划分为土方路基、石方路基、路基处理、路肩等分项工程。

5.检验批

分项工程可由一个或若干个检验批组成，检验批可根据施工及质量控制和专业验收需要按施工段、变形缝等进行划分。

## （三）市政工程项目的建设程序

建设程序是指项目从设想、选择、评估、决策、设计、施工到竣工验收、投

入生产整个建设过程中，各项工作必须遵循的先后次序的法则。

目前我国基本建设程序的内容和步骤为：决策阶段主要包括编制项目建议书、可行性研究报告；实施阶段包括设计前的准备阶段、设计阶段、施工阶段、动用前准备和保修阶段；项目后评价阶段。

### （四）市政工程的施工程序

施工程序是指项目承包人从承接工程业务到工程竣工验收一系列工作必须遵循的先后顺序，是市政工程建设程序中的一个阶段。

1.投标与签订合同阶段

建设单位对建设项目进行设计和建设准备，在具备了招标条件后，便发出招标公告或邀请函。施工单位见到招标公告或邀请函后，作出投标决策至中标签约。本阶段的最终目标是签订工程承包合同，主要进行下述工作：①施工企业从经营战略的高度作出是否投标的决策。②决定投标以后，从多方面（企业自身、相关单位、市场、现场等）收集信息。③编制既能使企业盈利，又有竞争力的标书。④如果中标，则与招标方谈判，依法签订工程承包合同，使合同符合国家法律、法规和国家计划的规定，并符合平等互利原则。

2.施工准备阶段

签订施工合同后，应组建项目经理部。以项目经理为主，与企业管理层、建设（监理）单位配合，进行施工准备，使工程具备开工和连续施工的基本条件。本阶段主要进行下述工作：①组建项目经理部，根据需要建立机构，配备管理人员。②编制项目管理实施规划，指导施工项目管理活动。③进行施工现场准备，使现场具备施工条件。④提出开工报告，等待批准开工。

3.施工阶段

施工过程是施工程序中的主要阶段，应从施工的全局出发，按照施工组织设计，精心组织施工，加强各单位、各部门的配合与协作，协调解决各方面的问题，使施工顺利开展。本阶段主要进行的工作如下所述：①在施工中努力做好动态控制工作，保证目标任务的实现。②管理好施工现场，实行文明施工。③严格履行施工合同，协调好内外关系，管理好合同变更及索赔。④做好记录、协调、检查、分析工作。

4.验收、交工与决算阶段

验收、交工与决算阶段称为"结束阶段"，与建设项目的竣工验收阶段同步进行。其目标对内是对成果进行总结、评价，对外是结清债权债务，结束交易关系。本阶段主要进行下述工作：①工程结尾。②进行试运转。③接受正式验收。④整理、移交竣工文件，进行工程款结算，总结工作，编制竣工总结报告。⑤办理工程交付手续。

## 二、市政工程与市政工程施工的特点

市政工程多种多样，但归纳起来有体积庞大、整体难分、不能移动等特点。只有对市政工程及其施工特点进行研究，才能更好地组织市政工程施工，保证工程质量。

### （一）市政工程的特点

1.固定性

市政工程项目是按照使用要求在固定地点修建，因而项目在建造中和建成后是不能移动的，如桥梁、地铁等。

2.多样性

市政工程一般是由设计和施工单位按照建设单位（业主）的委托，按特定要求进行设计和施工的。项目的功能要求多种多样，即使功能要求相同，类型相同，但地形、地质等自然条件不同以及交通运输、材料供应等社会条件不同，施工时施工组织、施工方法也存在差异。

3.庞体性

市政工程体积庞大，对城市的形象影响较大，所以在规划时必须服从城市规划的要求。

4.复杂性

市政工程在建筑风格、功能、结构构造等方面都比较复杂，其施工工序多且错综复杂。

### （二）市政工程施工的特点

市政工程施工的特点是由市政工程项目自身的特点所决定的。市政工程概括起来具有下述特点。

1.施工的流动性

市政工程的固定性决定了施工时人、机、料等不但要随着建造地点的改变而改变，而且还要随施工部位的改变在不同的空间流动，这就要求有一个周密的施工组织设计，使流动的人、机、料等相互配合，做到连续、均衡施工。

2.施工的单件性

市政工程项目的多样性决定了施工的单件性，不同的甚至相同的构筑物，在不同地区、季节及施工条件下，施工准备工作、施工工艺和施工方法等也不尽相同，所以市政工程只能是单件生产，而不能按通用定型的施工方案重复生产。

这一特点就要求施工组织设计编制者考虑设计要求、工程特点、工程条件等因素，制订出可行的施工组织方案。

3.施工的长期性

市政工程的庞体性决定了其工程量大、施工周期长，故应科学地组织施工生产，优化施工工期，尽快提高投资效益。

4.施工的综合性

由于市政工程的复杂性，加上施工的流动性和单件性，受自然条件影响大、高处作业、立体交叉作业、地下作业和临时用工多以及协作配合关系复杂等因素决定了施工组织与管理的综合性。这就要求施工组织设计要考虑全面，制定相应的技术、质量、安全、节约等保证措施，避免质量安全事故，确保安全生产。

## 三、市政工程施工组织设计的作用与分类

### （一）施工组织设计的概念及作用

1.施工组织设计的概念

施工组织设计是规划和指导拟建工程从工程投标、签订承包合同、施工准备到竣工验收全过程的一个综合性技术经济文件，是对拟建工程在人力和物力、时间和空间、技术和组织等方面所做的全面合理的安排，是沟通工程设计与施工之间的桥梁。作为指导工程项目的全局性文件，施工组织既要体现拟建工程的设计和使用要求，又要符合建筑施工的客观规律。因此应尽量适应施工过程的复杂性

和具体施工项目的特殊性，通过科学、经济、合理的规划安排，使工程项目施工能够连续、均衡、协调地进行，以满足工程项目对工期、质量、投资方面的各项要求。

2.施工组织设计的作用

施工组织设计是用以指导施工组织与管理、施工准备与实施、施工控制与协调、资源的配置与使用等全面性的技术经济文件，是对施工活动的全过程进行科学管理的重要手段。

其作用具体表现在以下方面：①施工组织设计是规划和指导拟建工程从施工准备到竣工验收的全过程。②施工组织设计是施工准备工作的核心，又是做好施工准备工作的主要依据。③施工组织设计是根据工程各种具体条件拟订的施工方案、施工顺序、劳动组织和技术组织措施等，是指导开展紧凑、有序施工活动的技术依据。④施工组织设计可有效进行成本控制，降低生产费用，获取更多利润。⑤施工组织设计，可将工程的设计与施工、技术与经济、施工全局性规律与局部性规律、土建施工与设备安装、各部门之间、各专业之间有机结合，统一协调。⑥通过编制施工组织设计，可分析施工中的风险和矛盾，及时研究解决问题的对策、措施，从而提高施工的预见性，减少盲目性。

## （二）施工组织设计的分类

1.按编制时间分类

按编制时间的不同可分为两类：一类是投标前编制的施工组织设计（简称"标前设计"），另一类是签订工程承包合同后编制的施工组织设计（简称"标后设计"）。

2.按编制对象分类

按编制对象的不同可分为三类：即施工组织总设计、单位工程施工组织设计和分部（分项）工程施工组织设计。

（1）施工组织总设计

施工组织总设计是以一个项目或一个工程群为编制对象，用以指导一个项目或一个工程群施工全过程的各项施工活动的技术、经济和组织的综合性文件。施工组织总设计一般是在建设项目的初步设计或扩大初步设计被批准之后，由总承包单位的总工程师负责，会同建设、设计和分包单位的工程师共同编制。

（2）单位工程施工组织设计

单位工程施工组织设计是以一个单位工程为编制对象，用以指导其施工过程的各项施工活动的局部性、指导性文件，同时也是用以直接指导单位工程的施工活动，是施工单位编制作业计划和制订季、月、旬施工计划的依据。单位工程施工组织设计是在施工图设计完成后，工程开工前，由工程项目技术负责人指导下编制。

（3）分部（分项）工程施工组织设计

分部（分项）工程施工组织设计也称分部（分项）工程施工作业指导书。它是以分部（分项）工程为编制对象，用以具体实施分部（分项）工程施工全过程的施工活动的技术、经济和组织的实施性文件。分部（分项）工程施工组织设计一般在单位工程施工组织设计确定了施工方案后，由施工单位技术员编制。

# 第二节　市政工程施工准备工作

## 一、施工准备工作的内容及要求

### （一）施工准备工作的意义

工程建设是人们创造物质财富的重要途径，是我国国民经济的主要支柱之一，总的程序是按照决策阶段、实施阶段和项目后评价三个阶段进行的。其中实施阶段包括设计前的准备阶段、设计阶段、施工阶段、动用前准备和保修阶段。

施工准备工作是指施工前为了保证整个工程能够按计划顺利施工，在事前必须做好的各项准备工作，具体内容包括为施工创造必要的技术、物资、人力、现场和外部组织条件，统筹安排施工现场，以便施工得以好、快、省、安全地进行，是施工程序中的重要环节。

不管是整个的建设项目或单项工程，或者是其中的任何一个单位工程，甚至单位工程中的分部、分项工程，在开工之前，都必须进行施工准备。施工准备工作是施工阶段的一个重要环节，是施工管理的重要内容。施工准备的根本任务是为正式施工创造良好的条件。做好施工准备工作具有下述几个方面的意义：①施工准备工作是施工企业生产经营的重要组成部分。②施工准备工作是施工程序的重要阶段。③做好施工准备工作可以降低施工风险。④做好施工准备工作可以加快施工进度，提高工程质量，节约资金和材料，从而提高经济效益。⑤做好施工准备工作，可以调动各方面的积极因素，合理地组织人力、物力。⑥做好施工准备工作，是施工顺利进行和工程圆满完成的重要保证。

实践证明，施工准备得充分与否，将直接影响后续施工全过程。重视和积极做好准备工作，可为项目的顺利进行创造条件，反之，忽视施工准备工作，必然会给后续的施工带来麻烦和损失，以致造成施工停顿、质量安全事故等恶果。

### （二）施工准备工作的分类

**1.按施工项目施工准备工作范围的不同分类**

施工项目的施工准备工作按其范围的不同，一般可分为全场性施工准备、单位工程施工条件准备和分部（分项）工程作业条件准备三种。

（1）全场性施工准备

全场性施工准备是以整个市政项目或一个施工工地为对象而进行的各项施工准备工作。其特点是施工准备工作的目的、内容都是为全场性施工服务的，不仅要为全场性施工活动创造有利条件，而且要兼顾单位工程的施工条件准备。

（2）单位工程施工条件准备

单位工程施工条件准备是以一个构筑物为对象而进行的施工条件准备工作。其特点是施工准备工作的目的、内容都是为单位工程施工服务的，但它不仅要为该单位工程在开工前做好一切准备，而且还要为分部（分项）工程做好施工准备工作。

（3）分部（分项）工程作业条件准备

分部（分项）工程作业条件准备是以一个分部（分项）工程或冬雨季施工项目为对象而进行的作业条件准备，是基础的施工准备工作。

**2.按施工阶段分类**

施工准备工作按拟建工程所处的不同施工阶段，一般可分为开工前施工准备和各分部（分项）工程施工前准备两种。

（1）开工前施工准备

它是在拟建工程正式开工之前所进行的一切施工准备工作，为拟建工程正式开工创造必要的施工条件。它既可能是全场性的施工准备，也可能是单位工程施工条件准备。

（2）各分布（分项）工程施工前准备

它是在拟建工程正式开工之后，在每一个分部（分项）工程施工之前所进行的一切施工准备工作，为各分部（分项）工程的顺利施工创造必要的施工条件，又称为施工期间的经常性施工准备工作，也称为作业条件的施工准备。它既具有局部性和短期性，又具有经常性。

综上所述，施工准备工作不仅在开工前的准备期进行，还贯穿于整个过程中，随着工程的进展，在各个分部（分项）工程施工之前，都要做好施工准备工作。施工准备工作既要有阶段性，又要有连贯性。因此，施工准备工作必须有计划、有步骤、分阶段进行，它贯穿于整个工程项目建设的始终。因此，在项目施工过程中，第一，准备工作一定要达到开工所必备的条件方能开工。第二，随着施工的进程和技术资料的逐渐齐备，应不断增加施工准备工作的内容和深度。

（三）施工准备工作的基本内容

建设项目施工准备工作按其性质和内容，通常包括技术资料准备、施工物资准备、劳动组织准备、施工现场准备和施工对外工作准备五个方面。准备工作的内容见表2-1。

表2-1　施工准备工作内容

| 分类 | 准备工作内容 |
| --- | --- |
| 技术资料准备 | 熟悉、审查施工图纸；调查研究、搜集资料；编制施工组织设计；编制施工图预算和施工预算 |
| 施工物资准备 | 建筑材料准备；构配件、制品的加工准备；建筑安装机具的准备；生产工艺设备的准备 |
| 劳动组织准备 | 建立拟建工程项目的领导机构；建立精干的施工队伍；组织劳动力进场，对施工队伍进行各种教育；对施工队伍及工人进行施工计划和技术交底；建立健全各项管理制度 |

续表

| 分类 | 准备工作内容 |
|---|---|
| 施工现场准备 | 三通一平；施工场地控制网测设；临时设施搭设；现场补充勘探；建筑材料、构配件的现场储存、堆放；组织施工机具进场、安装、调试；做好冬雨季现场施工准备，设置消防 |
| 施工对外准备 | 选定材料、构配件和制品的加工订购地区和单位签订加工订货合同；确定外包施工任务的内容，选择外包施工单位，签订分包施工合同；及时填写开工申请报告，呈上级批准 |

注："三通一平"是建设项目在正式施工以前，施工现场应达到水通、电通、道路通和场地平整等条件的简称。

## （四）施工准备工作的基本要求

1.施工准备工作要有明确的分工

①建设单位应做好主要专用设备、特殊材料等的订货，建设征地，申请建筑许可证，拆除障碍物，接通场外的施工道路、水源、电源等项工作。②设计单位主要是进行施工图设计及设计概算等相关工作。③施工单位主要是分析整个建设项目的施工部署，做好调查研究，收集有关资料，编制好施工组织设计，并做好相应的施工准备工作。

2.施工准备工作应分阶段、有计划地进行

施工准备工作应分阶段、有组织、有计划、有步骤地进行。

施工准备工作不仅要在开工之前集中进行，而且要贯穿整个施工过程的始终。随着工程施工的不断进展，分部（分项）工程的施工准备工作都要分阶段、有组织、有计划、有步骤地进行。为了保证施工准备工作能按时完成，应按照施工进度计划的要求，编制好施工准备工作计划并随工程的进展，按时组织落实。

3.施工准备工作要有严格的保证措施

①施工准备工作责任制度。②施工准备工作检查制度。③坚持基建程序，严格执行开工报告制度。

4.开工前要对施工准备工作进行全面检查

单位工程的施工准备工作基本完成后，要对施工准备工作进行全面检查，具备了开工条件后，应及时向上级有关部门报送开工报告，经批准后即可开工。

单位工程应具备的开工条件如下：①施工图纸已经会审，并有会审纪要。②施工组织设计已经审核批准，并进行了交底工作。③施工图预算和施工预算已经编制和审定。④施工合同已经签订，施工执照已经办好。⑤现场障碍物已经拆除或迁移完毕，场内的"三通一平"工作基本完成，能够满足施工要求。⑥永久或半永久性的平面测量控制网的坐标点和标高测量控制网的水准点均已建立，建筑物、构筑物的定位放线工作已基本完成，能满足施工的需要。⑦施工现场的各种临时设施已按设计要求搭设，基本能够满足使用要求。⑧工程施工所用的材料、构配件、制品和机械设备已订购落实，并已陆续进场，能够保证开工和连续施工的要求；先期使用的施工机具已按施工组织设计的要求安装完毕，并进行了试运转，能保证正常使用。⑨施工队伍已经落实，已经过或正在进行必要的进场教育和各项技术交底工作，已调进现场或随时准备进场。⑩现场安全施工守则已经制定，安全宣传牌已经设置，安全消防设施已经具备。

## 二、技术资料准备

技术资料准备是施工准备的核心，是确保工程质量、工期、施工安全和降低成本、增加企业经济效益的关键，由于任何技术的差错或隐患都可能引起人身安全和质量事故，造成生命、财产和经济的巨大损失，因此必须认真做好技术准备工作。其主要内容包括：熟悉与审查施工图纸、调查研究和收集资料、编制施工组织设计、编制施工图预算和施工预算文件。

### （一）熟悉、审查施工图纸和有关的设计资料

1.熟悉、审查设计图纸的目的

①充分了解设计意图、结构构造特点、技术要求、质量标准，以免发生施工指导性错误，方能按照设计图纸的要求顺利地进行施工，生产出符合设计要求的最终工程产品。②通过审查发现设计图纸中存在的问题和错误应在施工之前改正，为拟建工程的施工提供一份准确、齐全的设计图纸以便及时改正，确保工程顺利施工。③结合具体情况，提出合理化建议和协商有关配合施工等事宜，以确保工程质量、安全，降低工程成本和缩短工期。④能够在拟建工程开工之前，使从事施工技术和经营管理的工程技术人员充分了解和掌握设计图纸的设计意图、结构与构造特点和技术要求。

2.熟悉、审查施工图纸的依据

①建设单位和设计单位提供的初步设计或扩大初步设计（技术设计）、施工图设计、总平面图、土方竖向设计和城市规划等资料文件。②调查、搜集的原始资料。③设计、施工验收规范和有关技术规定。

3.熟悉施工图纸的重点内容和要求

①审查拟建工程的地点、总平面图同国家、城市或地区规划是否一致，以及市政工程或构筑物的设计功能和使用要求是否符合卫生、防火及美化城市方面的要求。②审查设计图纸是否完整、齐全，以及设计和资料是否符合国家有关工程建设的设计、施工方面的方针和政策。③审查设计图纸与说明书在内容上是否一致，以及设计图纸与其各组成部分之间有无矛盾和错误。④审查总平面图与其他结构图在几何尺寸、坐标、标高、说明等方面是否一致，技术要求是否正确。⑤审查地基处理与基础设计同拟建工程地点的工程水文、地质等条件是否一致，以及市政工程与地下建筑物或构筑物、管线之间的关系。⑥明确拟建工程的结构形式和特点，复核主要承重结构的强度、刚度和稳定性是否满足要求，审查设计图纸中的工程复杂、施工难度大和技术要求高的分部（分项）工程或新结构、新材料、新工艺，检查现有施工技术水平和管理水平能否满足工期和质量要求并采取可行的技术措施加以保证。⑦明确建设期限、分期分批投产或交付使用的顺序和时间，以及工程所用的主要材料，设备的数量、规格、来源和供货日期。⑧明确建设、设计和施工等单位之间的协作、配合关系，以及建设单位可以提供的施工条件。

4.熟悉、审查设计图纸的程序

熟悉、审查设计图纸的程序通常分为自审阶段、会审阶段和现场签证三个阶段。

（1）自审阶段

施工单位收到拟建工程的设计图纸和有关技术文件后应尽快组织有关的工程技术人员熟悉和自审图纸，写出自审图纸的记录。自审图纸的记录应包括对设计图纸的疑问和对设计图纸的有关建议。

（2）会审阶段

一般由建设单位主持，由设计单位和施工单位参加，三方进行设计图纸的会审。图纸会审时，首先由设计单位的工程主要设计人员向与会者说明拟建工程的设计依据、意图和功能要求，并对特殊结构、新材料、新工艺和新技术提出设计要求；随后施工单位根据自审记录以及对设计意图的了解，提出对设计图纸的疑问和建议；最后在三方统一认识的基础上，对所探讨的问题逐一做好记录，形成"图纸会审纪要"，由建设单位正式行文，参加单位共同会签、盖章，作为与设计文件同时使用的技术文件和指导施工的依据，以及建设单位与施工单位进行工程结算的依据，被列入工程预算和工程技术档案。施工图纸会审的重点内容主要有：①审查拟建工程的地点、建筑总平面图是否符合国家或当地政府的规划，是否与规划部门批准的工程项目规模形式、平面立面图一致，在设计功能和使用要求上是否符合卫生、防火及美化城市等方面的要求。②审查施工图纸与说明书在内容上是否一致，施工图纸是否完整、齐全，各种施工图纸之间、各组成部分之间是否有矛盾和差错，图纸上的尺寸、标高、坐标是否准确、一致。③审查地上与地下工程、土建与安装工程、结构与装修工程等施工图之间是否有矛盾或是否会发生干扰，地基处理、基础设计是否与拟建工程所在地点的水文、地质条件等相符合。④当拟建工程采用特殊的施工方法和特定的技术措施，或工程复杂、施工难度大时，应审查施工单位在技术上、装备条件上或特殊材料、构配件的加工订货上有无困难，能否满足工程施工安全和工期的要求，采取某些方法和措施后，是否能满足设计要求。⑤明确建设期限、分期分批投产或交付使用的顺序、时间；明确建设、设计和施工单位之间的协作、配合关系；明确建设单位所能提供的各种施工条件及完成的时间，建设单位提供的设备种类、规格、数量及到货日期等。⑥对设计和施工提出的合理化建议是否被采纳或部分采纳；施工图纸中不明确或有疑问的地方，设计单位是否解释清楚等。

（3）现场签证阶段

在拟建工程施工的过程中，如果发现施工条件与设计图纸不符，或发现图纸中仍有错误，或因为材料的规格、质量不能满足设计要求，或因为施工单位提出了合理化建议，需要对设计图纸进行及时修订时，应遵循技术核定和设计变更的签证制度，进行图纸的施工现场签证。如果设计变更的内容对拟建工程的规模、投资影响较大时，要报请项目的原批准单位批准。施工现场的图纸修改、技术核定和设计变更资料，都要有正式的文字记录，归入拟建工程施工档案，作为指导施工、竣工验收和工程结算的依据。

（二）调查研究、收集必要的资料

1.施工调查的意义和目的

通过原始资料的调查分析，可以为编制出合理的、符合客观实际的施工组织设计文件提供全面、系统、科学的依据；为图纸会审、编制施工图预算和施工预算提供依据；为施工企业管理人员进行经营管理决策提供可靠的依据。

施工调查分为投标前的施工调查和中标后的施工调查两个部分。投标前施工调查的目的是摸清工程条件，为制定投标策略和报价服务；中标后施工调查的目的是查明工程环境特点和施工条件，为选择施工技术与组织方案收集基础资料，以此作为准备工作的依据；中标后的施工调查是建设项目施工准备工作的一个组成部分。

2.施工调查的步骤

（1）拟订调查提纲

原始资料调查应有计划有目的地进行，在调查工作开始之前，根据拟建工程的性质、规模、复杂程度等涉及的内容，以及当地的原始资料，拟订出原始资料调查提纲。

（2）确定调查收集原始资料的单位

向建设单位、勘察单位和设计单位调查收集资料，如工程项目的计划任务书、工程项目地址选择的依据资料，工程地质、水文地质勘查报告、地形测量图，初步设计、扩大初步设计、施工图以及工程概预算资料；向当地气象台（站）调查有关气象资料；向当地主管部门收集现行的有关规定及对工程项目有指导性文件，了解类似工程的施工经验，了解各种建筑材料供应情况、构（配）件、制品的加工能力和供应情况，以及能源、交通运输和生活状况和参加施工单位的能力和管理状况等。对缺少的资料，应委托有关专业部门加以补充；对有疑点的资料要进行复查或重新核定。

（3）进行施工现场实地勘察

原始资料调查，不仅要向有关单位收集资料了解有关情况，还要到施工现场调查现场环境，必要时进行实际勘测工作。向周围的居民调查和核实书面资料中的疑问和认为不确定的问题，使调查资料更切合实际和完整，并增加感性认识。

（4）科学分析原始资料

科学分析调查中获得的原始资料。要确认其真伪程度，去伪存真，去粗取精，分类汇总，结合工程项目实际，对原始资料的真实情况进行逐项分析，找出有利因素和不利因素，尽量利用其有利条件，采取措施防止不利因素的影响。

3.施工调查的内容

（1）调查有关工程项目特征与要求的资料

①向建设单位和主体设计单位了解并取得可行性研究报告、工程地址选择、扩大初步设计等方面的资料，以便了解建设目的、任务、设计意图。②弄清设计规模、工程特点。③了解生产工艺流程与工艺设备的特点及来源。④摸清工程分期、分批施工，配套交付使用的顺序要求，图纸交付的时间，以及工程施工的质量要求和技术难点等。

（2）调查施工场地及附近地区自然条件方面的资料

建设地区自然条件调查内容主要包括：建设地点的气象、地形、地貌、工程地质、水文地质、场地周围环境、地上障碍物和地下的隐蔽物等情况。这些资料主要来源于当地的气象台（站）、工程项目的勘察设计单位和主体设计单位，以及施工单位进行施工现场调查和勘测的结果。主要作用是为确定施工方法和技术措施，编制施工组织计划和设计施工平面布置提供依据。

（3）建设地区技术经济条件调查

建设地区技术经济条件调查的主要内容有：地方建筑企业资源条件，交通运输条件，水、电、蒸汽等条件调查；参加施工单位的情况调查以及社会劳动力和生活设施的调查等内容。

（4）社会生活条件调查

生活设施的调查是为建立职工生活基地，确定临时设施提供依据。其主要内容包括：①周围地区能为施工利用的房屋类型、面积、结构、位置、使用条件和满足施工需要的程度，附近主副食供应、医疗卫生、商业服务条件，公共交通、邮电条件、消防治安机构的支援能力，这些调查对于在新开发地区施工特别重要。②附近地区机关、居民、企业分布状况及作息时间、生活习惯和交通情况，施工时吊装、运输、打桩、用火等作业所产生的安全问题、防火问题，以及振动、噪声、粉尘、有害气体、垃圾、泥浆、运输散落物等对周围人们的影响及防护要求，工地内外绿化、文物古迹的保护要求等。

（5）其他调查

如果涉及国际工程、国外施工项目，那么调查内容要更加广泛，如汇率、进出海关的程序与规则、项目所在国的法律、法规和经济形势、业主资信等情况都要进行详细的了解。

### （三）编制施工组织设计

为了使复杂的市政工程的各项工作在施工中得到合理安排，有条不紊地进行，必须做好施工的组织工作和计划安排，施工组织设计是根据设计文件、工程情况、施工期限及施工调查资料，拟订施工方案，内容包括各项工程的施工期限、施工顺序、施工方法、工地布置、技术措施、施工进度以及劳动力的调配，机器、材料和供应日期等。

由于市政工程生产的技术经济特点，工程没有一个通用定型的、一成不变的施工方法，所以每个市政工程项目都需要分别确定施工组织方法，也就是分别编制施工组织设计作为组织和指导施工的重要依据。

### （四）编制施工图预算和施工预算

1.编制施工图预算

施工图预算是技术准备工作的主要组成部分之一，是按照施工图确定的工程量、施工组织设计所拟订的施工方法、工程预算定额及其取费标准，是施工单位编制的确定工程造价的经济文件。它是施工企业签订工程承包合同、工程结算、建设银行拨付工程价款、进行成本核算、加强经营管理等方面工作的重要依据。

2.编制施工预算

施工预算是根据施工图预算、施工图纸、施工组织设计或施工方案、施工定额等文件进行编制的，直接受施工图预算的控制。它是施工企业内部控制各项成本支出、考核用工、"两算"对比、签发施工任务单、限额领料、基层进行经济核算的依据。

施工图预算与施工预算存在着很大的区别。施工图预算是甲乙双方确定预算单价、发生经济联系的技术经济文件；而施工预算则是施工企业内部经济核算的依据。施工图预算与施工预算消耗与经济效益的比较，通称"两算"对比，是促进施工企业降低物资消耗，增加积累的重要手段。

## 三、施工物资准备

材料、构（配）件、制品、机具和设备是保证施工顺利进行的物质基础，这些物资的准备工作必须在工程开工之前完成。根据各种物资的需要量进行，分别落实货源，安排运输和储备，使其满足连续施工的要求。

### （一）物资准备工作的内容

物资准备工作主要包括材料的准备，构配件、制品的加工准备，施工机具的准备和生产工艺设备的准备。

1.材料的准备

材料的准备主要是根据施工预算进行分析，按照施工进度计划要求，按材料名称、规格、使用时间、材料储备定额和消耗定额进行汇总，编制出材料需要量计划，为组织备料、确定仓库、场地堆放所需的面积和组织运输等提供依据。

2.构配件、制品的加工准备

根据施工预算提供的构配件、制品的名称、规格、质量和消耗量，确定加工方案和供应渠道以及进场后的储存地点和方式，编制出其需要量计划，为组织运输、确定堆场面积等提供依据。

3.施工机具的准备

根据采用的施工方案，安排施工进度，确定施工机械的类型、数量和进场时间，确定施工机具的供应办法和进场后的存放地点和方式，编制工艺设备需要量计划，为组织运输、确定堆场面积提供依据。

4.生产工艺设备的准备

按照拟建工程生产工艺流程及工艺设备的布置图，提出工艺设备的名称、型号、生产能力和需要量，确定分期分批进场时间和保管方式，编制工艺设备需要量计划，为组织运输、确定进场面积提供依据。

### （二）物资准备工作的程序

物资准备工作的程序是搞好物资准备的重要手段，通常按如下程序进行：①根据施工预算、分部（分项）工程施工方法和施工进度的安排，拟订外拨材料、地方材料、构（配）件及制品、施工机具和工艺设备等物资的需要量计划。

②根据各种物资需要量计划，组织货源，确定加工、供应地点和供应方式，签订物资供应合同。③根据各种物资的需要量计划和合同，拟订运输计划和运输方案。④按照施工总平面图的要求，组织物资按计划时间进场，在指定地点和规定方式进行储存或堆放。

### （三）物资准备的注意事项

①无出厂合格证明或没有按规定进行复验的原材料、不合格的构配件，一律不得进场和使用。严格执行施工物资的进场检查验收制度，杜绝假冒伪劣产品进入施工现场。②施工过程中要注意查验各种材料、构配件的质量和使用情况，对不符合质量要求、与原试验检测品种不符或有怀疑的，应提出复试或化学检验的要求。③现场配制的混凝土、砂浆、防水材料、耐火材料、绝缘材料、保温隔热材料、防腐蚀材料、润滑材料以及各种掺合料、外加剂等，使用前均应由试验室确定原材料的规格和配合比，并制定出相应的操作方法和检验标准后方可使用。④进场的机械设备，必须进行开箱检查验收，产品的规格、型号、生产厂家和地点、出厂日期等，必须与设计要求完全一致。

## 四、劳动组织准备

### （一）建立拟建工程项目的领导机构

建立拟建工程项目的领导机构应遵循以下原则：根据拟建工程项目的规模、结构特点和复杂程度，确定拟建工程项目施工的领导机构人选和名额；坚持合理分工与密切协作相结合；把有施工经验、有创新精神、有工作效率的人选入领导机构；从施工项目管理的总目标出发，因目标设事，因事设机构定编制，按编制设岗位定人员以职责定制度授权力。对一般的单位工程，可配置项目经理、技术员、质量员、材料员、安全员、定额统计员、会计各一名；对于大型的单位工程，项目经理可配副职，技术员、质量员、材料员和安全员的人数均应适当增加。

### （二）建立精干的施工队组

施工队组的建立要认真考虑专业、工程的合理配合，技工、普工的比例要满足合理的劳动组织，专业工种工人要持证上岗，要符合流水施工组织方式的要求，确定建立施工队组，要坚持合理、精干高效的原则；人员配置要从严控制二、三线管理人员，力求一专多能、一人多职，同时制订出该工程的劳动力需要量计划。施工队伍主要有基本、专业和外包施工队伍三种类型：①基本施工队伍是施工企业组织施工生产的主力，应根据工程的特点、施工方法和流水施工的要求恰当地选择劳动组织形式。土建工程施工一般采用混合施工班组较好，其特点是人员配备少，工人以本工种为主，兼做其他工作，施工过程之间搭接比较紧凑，劳动效率高，也便于组织流水施工。②专业施工队伍主要用来承担机械化施工的土方工程、吊装工程、钢筋气压焊施工和大型单位工程内部的机电安装、消防、空调、通信系统等设备安装工程，也可将这些专业性较强的工程外包给其他专业施工单位来完成。③外包施工队伍主要用来弥补施工企业劳动力的不足。随着建筑市场的开放、用工制度的改革和施工企业的"精兵简政"，施工企业仅靠自己的施工力量来完成施工任务已远远不能满足需要，因而将越来越多地依靠组织外包施工队伍来共同完成施工任务。外包施工队伍大致有三种形式：独立承担单位工程施工、承担分部（分项）工程施工和参与施工单位施工队组施工，以前两种形式居多。

施工经验证明，无论采用哪种形式的施工队伍，都应遵循施工队组和劳动力相对稳定的原则，以利于保证工程质量和提高劳动效率。

（三）组织劳动力进场，妥善安排各种教育，做好职工的生活后勤保障准备

施工前，企业要对施工队伍进行劳动纪律、施工质量及安全教育，注意文明施工，而且还要做好职工、技术人员的培训工作，使之达到标准后再上岗操作。

此外，还要特别重视职工的生活后勤服务保障准备，要修建必要的临时房屋，解决职工居住、文化生活、医疗卫生和生活供应之用，在不断提高职工物质文化生活水平的同时，也要注意改善工人的劳动条件，如照明、取暖、防雨（雪）、通风、降温等，重视职工身体健康，这也是稳定职工队伍，保障施工顺利进行的基本因素。

（四）向施工队组、工人进行施工组织设计、计划和技术交底

施工组织设计、计划和技术交底的目的是把拟建工程的设计内容、施工计划和施工技术等要求，详尽地向施工队组和工人讲解交代。这是落实计划和技术责任制的好办法。

施工组织设计、计划和技术交底的时间在单位工程或分部（分项）工程开工前及时进行，以保证工程严格地按照设计图纸，施工组织设计、安全操作规程和施工验收规范等要求进行施工。

施工组织设计、计划和技术交底的内容有：工程的施工进度计划、月（旬）作业计划；施工组织设计，尤其是施工工艺、质量标准、安全技术措施、降低成本措施和施工验收规范的要求；新结构、新材料、新技术和新工艺的实施方案和保证措施；图纸会审中所确定的有关部门的设计变更和技术核定等事项。交底工作应该按照管理系统逐级进行，由上而下直到工人队组。交底的方式有书面形式、口头形式和现场示范形式等。

队组、工人接受施工组织设计、计划和技术交底后，要组织其成员进行认真的分析研究，弄清关键部位、质量标准、安全措施和操作要领。必要时应进行示范，并明确任务及做好分工协作，同时建立健全岗位责任制和保证措施。

（五）建立健全各项管理制度

工地的各项管理制度是否建立、健全，直接影响到施工活动的顺利进行。有章不循的后果是严重的，而无章可循则更为危险。为此必须建立、健全工地的各项管理制度：工程质量检查与验收制度；工程技术档案管理制度；材料（构件、配件、制品）的检查验收制度；技术责任制度；施工图纸学习与会审制度；技术交底制度；职工考勤、考核制度；工地及班组经济核算制度；材料出入库制度；安全操作制度；机具使用保养制度。

五、施工现场准备

施工现场是参加施工的全体人员为优质、安全、低成本和高速度完成施工任务而进行工作的活动空间；施工现场准备工作是为拟建工程施工创造有利的施工条件和物质保证的基础。其主要内容包括：拆除障碍物，做好"三通一平"；

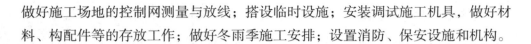

做好施工场地的控制网测量与放线；搭设临时设施；安装调试施工机具，做好材料、构配件等的存放工作；做好冬雨季施工安排；设置消防、保安设施和机构。

（一）拆除障碍物，现场"三通一平"

在市政工程的用地范围内，拆除施工范围内的一切地上、地下妨碍施工的障碍物和把施工道路、水电管网接通到施工现场的"场外三通"工作，通常是由建设单位来完成，但有时也委托施工单位完成。如果工程的规模较大，这一工作可分阶段进行，保证在第一期开工的工程用地范围内先完成，再依次进行其他的。除了以上"三通"外，有些小区开发建设中，还要求有"热通"（供蒸汽）、"气通"（供煤气）、"通话"（通电话）等。

1.平整施工场地

施工现场的平整工作，是按总平面图中确定的进行的。首先通过测量，计算出挖土及填土的数量，设计土方调配方案，组织人力或机械进行平整工作。

如拟建场地内有旧建筑物，则须拆迁房屋。同时要清理地面上的各种障碍物，如树根等。还要特别注意地下管道、电缆等情况，对它们必须采取可靠的拆除或保护措施。

2.修通道路

施工现场的道路，是组织大量物资进场的运输动脉，为了保证建筑材料、机械、设备和构件早日进场，必须先修通主要干道及必要的临时性道路。为了节省工程费用，应尽可能利用已有的道路或结合正式工程的永久性道路。为使施工时不损坏路面和加快修路速度，可以先做路基，施工完毕后再做路面。

3.水通

施工现场的水通，包括给水和排水两个方面。施工用水包括生产与生活用水，其布置应按施工总平面图的规划进行安排。施工给水设施，应尽量利用永久性给水线路。临时管线的铺设，既要满足生产用水点的需要和使用方便，又要尽量缩短管线。施工现场的排水也是十分重要的，尤其雨季，排水有问题会影响施工的顺利进行。因此，要做好有组织的排水工作。

4.电通

根据各种施工机械用电量及照明用电量，计算选择配电变压器，并与供电部门联系，按施工组织设计的要求，架设好连接电力干线的工地内外临时供电线路

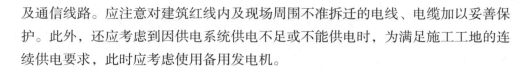

及通信线路。应注意对建筑红线内及现场周围不准拆迁的电线、电缆加以妥善保护。此外，还应考虑到因供电系统供电不足或不能供电时，为满足施工工地的连续供电要求，此时应考虑使用备用发电机。

（二）交接桩及施工定线

施工单位中标以后，应及时会同设计、勘察单位进行交接桩工作。交接桩时，主要交接控制桩的坐标、水准基点桩的高程，线路的起始桩、直线转点桩、交点桩及其护桩，曲线及缓和曲线的终点桩、大型中线桩、隧道进出口桩。交接桩一定要有经各方签字的书面材料存档。

（三）做好施工场地的测量控制网

按照设计单位提供的工程总平面图和城市规划部门给定的建筑红线桩或控制轴线桩及标准水准点进行测量放线，在施工现场范围内建立平面控制网、标高控制网，并对其桩位进行保护；同时还要测定出建筑物、构筑物的定位轴线、其他轴线及开挖线等，并对其桩位进行保护，以作为施工的依据。其工作的进行，一般是在土方开挖之前，在施工场地内设置坐标控制网和高程控制点来实现的，这些网点的设置应视工程范围的大小和控制的精度而定。测量放线是确定拟建工程的平面位置和标高的关键环节，施测中必须认真负责，确保精度，杜绝差错。为此，施测前应对测量仪器、钢尺等进行检验校正，并了解设计意图，熟悉并校核施工图，制订测量放线方案，按照设计单位提供的总平面图及给定的永久性经纬坐标控制网和水准控制基桩，进行施工测量，设置施工测量控制网。同时对规划部门给定的红线桩或控制轴线桩和水准点进行校核，如发现问题，应提请建设单位迅速处理。

（四）临时设施的搭设

为了施工方便和安全，对于指定的施工用地的周界，应用围挡围起来，围挡的形式和材料应符合所在地管理部门的有关规定和要求。在主要出入口处设明示牌，标明工程名称、施工单位、工地负责人等。施工现场所需的各种生产、办公、生活、福利等临时设施，均应报请规划、市政，消防、交通、环保等有关部门审查批准，并按施工平面图中确定的位置、尺寸搭设，不得乱搭乱建。

各种生产、生活用的临时设施，包括各种仓库、混凝土搅拌站、预制构件场、机修站、各种生产作业棚、办公用房、宿舍、食堂、文化生活设施等，均应按批准的施工组织设计规定的数量、标准、面积、位置等要求组织修建。大、中型工程可分批分期修建。

此外，在考虑施工现场临时设施的搭设时，应尽量利用原有建筑物，尽可能减少临时设施的数量，以便节约用地并节省投资。

除上述准备工作外，还应做好以下现场准备工作：

1.做好施工现场的补充勘探

对施工现场做补充勘探的目的是进一步寻找枯井、防空洞、古墓、地下管道、暗沟和枯树根以及其他问题坑等，以便准确地探清其位置，及时地拟订处理方案。

2.做好材料、构（配）件的现场储存和堆放

应按照材料及构（配）件的需要量计划组织进场，并应按施工平面图规定的地点和范围进行储存和堆放。

3.组织施工机具进场，并安装和调试

按照施工机具需要量计划，组织施工机具进场，根据施工总平面图将施工机具安置在规定的地点或仓库。对于固定的机具要进行就位、搭棚、接电源、保养和调试等工作。对所有施工机具都必须在开工期前进行检查和试运转。

4.做好冬季施工的现场准备，设置消防、保安设施

按照施工组织设计要求，落实冬、雨季施工的临时设施和技术措施，并根据施工总平面图的布置，建立消防、安保等机构和有关规章制度，布置安排好消防、安保等措施。

# 第三节 市政工程流水施工

## 一、流水施工的基本概念

### （一）常用的施工组织方式

工程施工中常用的组织方式有三种，分别为依次施工、平行施工、流水施工。三种施工方式的特点比较见表2-2。

表2-2 三种施工方式的特点比较

| 比较内容 | 依次施工 | 平行施工 | 流水施工 |
|---|---|---|---|
| 工作面利用情况 | 不能充分利用工作面 | 充分地利用了工作面 | 合理、充分地利用了工作面 |
| 工期 | 最长 | 最短 | 适中 |
| 窝工情况 | 按施工段依次施工有窝工现象 | 若不进行协调，则有窝工 | 主导施工过程班组不会有窝工现象 |
| 专业班组 | 实行，但要消除窝工则不能实行 | 实行 | 实行 |
| 资源投入情况 | 日资源用量小，品种单一，且不均匀 | 日资源用量大，品种单一，且不均匀 | 日资源用量适中，且比较均匀 |
| 对劳动生产率和工程质量的影响 | 不利 | 不利 | 有利 |

从以上的对比分析可以看出流水施工方式具有下述特点：①充分利用工作面进行施工，工期较短。②各工作队实现了施工专业化，有利于提高技术水平和劳动生产率，有利于提高工程质量。③专业工作队能够连续施工，并使相邻专业队的开工时间最大限度地合理搭接。④单位时间内资源的使用比较均衡，有利于资源供应的组织。⑤为施工现场的文明施工和科学管理创造了有利条件。

## （二）流水施工的基本参数

在组织流水施工时，为了准确地表达各施工过程在时间和空间上的相互依存关系，需引入一些参数，这些参数称为流水施工参数。流水施工参数可分为工艺参数、空间参数和时间参数，具体见表2-3。

表2-3　流水施工基本参数

| 序号 | 类别 | 基本参数 | 说明 |
|---|---|---|---|
| 1 | 工艺参数 | 施工过程数 | 参与一组流水的施工过程数目 |
| | | 流水强度 | 某施工过程在单位时间内所完成的工程量 |
| 2 | 空间参数 | 施工段 | 将施工对象在平面上划分为若干个劳动量大致相等的施工区段，这些施工区段称为施工段 |
| | | 施工层 | 为满足专业工种对操作高度的要求，通常将施工项目在竖向上划分为若干个作业层，这些作业层称为施工层 |
| | | 工作面 | 安排专业工人进行操作或者布置机械设备进行施工所需的活动空间 |
| 3 | 时间参数 | 流水节拍 | 从事某一施工过程的施工队在某一个施工段上完成所对应施工任务所需的时间 |
| | | 流水步距 | 相邻两个施工过程的施工队先后进入同一施工段开始施工的时间间隔 |
| | | 间歇时间 | 相邻两个施工过程之间必须留有的时间间隔，分为技术间歇和组织间歇 |
| | | 搭接时间 | 当上一施工过程为下一施工过程提供了足够的工作面；下一施工过程可提前进入该段施工，即为搭接施工。该时间为搭接时间 |
| | | 流水工期 | 完成一项工程任务或一个流水组施工所需的时间 |

## （三）组织流水施工的条件

①将施工对象的建造过程分成若干个施工过程，每个施工过程分别由专业施工队负责完成。②施工对象的工程量能划分成劳动量大致相等的施工段（区）。③能确定各专业施工队在各施工段内的工作持续时间（流水节拍）。④各专业施工队能连续地由一个施工段转移到另一个施工段，直至完成同类工作。⑤不同专

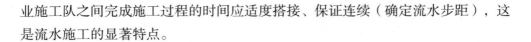

业施工队之间完成施工过程的时间应适度搭接、保证连续（确定流水步距），这是流水施工的显著特点。

## 二、流水施工的组织方式

流水施工的方式根据流水施工节拍是否相同，可分为无节奏流水、等节奏流水、异节奏流水三大类。

### （一）等节奏流水

等节奏流水也称全等节拍流水，指同一施工过程在各施工段上的流水节拍都完全相等，并且不同施工过程之间的流水节拍也相等。它是一种最理想的流水施工组织方式，分为等节拍等步距流水和等节拍不等步距流水。

1.等节拍等步距流水

等节拍等步距流水施工是指所有过程流水节拍均相等，不同施工过程之间的流水节拍也相等，且流水节拍等于流水步距的一种流水施工方式。

2.等节拍不等步距流水

等节拍不等步距流水施工是指同一施工过程在各阶段上的流水节拍均相等，不同施工过程之间的流水节拍也相等，但各个施工过程之间存在间歇时间和搭接时间的一种流水施工方式。

等节奏流水施工一般适用于工程规模较小，工程结构比较简单，施工过程不多的构筑物。常用于组织一个分部工程的流水施工，不适用于单位工程，特别是大型的建筑群。因此，实际应用范围不是很广泛。

### （二）异节奏流水

异节奏流水是指各施工过程的流水节拍都相等，不同施工过程之间的流水节拍不一定相等的一种流水施工方式。该流水方式根据各施工过程的流水节拍是否为整数倍（或公约数）关系可以分为成倍节拍流水和不等节拍流水两种。

1.成倍节拍流水

同一施工过程在各施工段上的流水节拍都相等，不同施工过程之间的流成倍节奏流水施工水节拍不完全相等，但各施工过程的流水节拍均为最小流水节拍的整数倍或节拍之间存在最大公约数的流水施工方式。

2.不等节拍流水

不等节拍流水是指同一施工过程在各施工段的流水节拍相等，不同施工过程之间的流水节拍既不相等也不成倍的流水施工方式。

成倍节拍流水属于不等节拍流水中的一种特殊形式。在节拍具备成倍节拍特征情况下，但又无法按照成倍节拍流水方式增加班组数，则按照一般不等节拍流水组织施工。

3.成倍节拍流水与不等节拍流水的差别

成倍节拍流水施工方式比较适用于线形工程（管道、道路等）的施工。不等节拍流水施工方式由于条件易满足，符合实际，具有很强的适用性，广泛应用于分部和单位工程流水施工中。组织流水施工时，如果无法按照成倍节拍特征相应增加班组数，每个施工过程只有一个施工班组，也只能按照不等节拍流水组织施工。

（三）无节奏流水

无节奏流水施工是指同一施工过程在各施工段上的流水节拍不完全相等的一种流水施工方式。

1.无节奏流水步距的确定

流水步距的确定，按"累加数列错位相减取大差法"计算步距。具体方法如下：①根据专业工作队在各施工段上的流水节拍求累加数列。②根据施工顺序，对所求相邻的两累加数列，错位相减。③取错位相减结果中数值最大者作为相邻专业工作队之间的流水步距。

2.无节奏流水施工方式的适用范围

无节奏流水施工在进度安排上比较灵活、自由，适用于各种不同结构性质和规模的工程施工组织。

# 第三章  市政规划与给排水施工基础

## 第一节  市政给水排水工程概述

### 一、给水工程概论

#### （一）给水工程规划可持续发展的重要性

给水工程作为城市最为基本和核心的市政基础工程设施，是城市建设与发展的重要前提条件。给水工程规划，就是要设计建设经济合理、安全可靠的水资源供给线路和管道工程，持续地为城市居民的生产和生活提供优质的水资源。

1.给水工程规划的意义

市政给水工程的规划和设计关系到城市生活的方方面面，特别是给水工程管道通常铺设于市政交通道路之下，建成之后再进行维修或调整，必然会影响到交通及周边的生产生活环境，因而在对给水工程进行规划时必须要具备一定的前瞻性。给水工程规划，既关系到城市用水的安全与及时，还关系到整体给排水工程规划的整体施工效果。给水工程规划的可持续发展，其重要的一个内容就是充分考虑到用水单位的实际情况，加强对水资源的合理利用。

2.给水工程规划推行可持续发展的原因

当前，由于我国城市化建设持续不断地发展，城市面积及居住人口在大幅度增加，对城市的给水系统造成了巨大的压力和负担。特别是在二、三线的中小型城市，经济的迅猛发展带来了环境的极大改变，特别是基础设施的建设处于快速发展阶段，因而更加需要统筹协调人口与资源之间的关系，既要充分利用水资源提高人们的生活质量，又要确保生态环境不受到破坏。近些年来，由于气候因素的影响，我国总体的水资源储量已经有了大幅下降，加上人们长年以来对于水资源的过度开发及严重污染，导致城市甚至农村出现水资源匮乏的问题，严重影响到我国社会经济的健康发展。

## （二）给水工程规划的可持续发展措施

**1.对取水口进行上移，避免水源污染**

给水工程规划的可持续发展，首先应当体现在源头上。在城市化进程中，由于规划不当，相当数量的工业产业及城市居民区向水源的上游蔓延，工业与生活用水的排放，给水资源的质量造成了巨大的压力。因此，给水工程的规划，必须要针对这种情况采取相应的应对措施。

其一，是将水源的取水口向更上游移位，比如，某县的石练水厂，将水源的取水口从镇中心移至上游的石坑坪水库周围，使水源距离镇生活区4000余米，确保水资源远离工业区和生活区；其二，是开辟新的水源，如某县针对原有的常山港水库距离中心城区过近导致污染严重的情况，在上游开辟了新的水库作为供水来源，并将原港水库作为备用水源，使水资源尽可能保持环保和清洁，避免水资源的污染与浪费。

**2.针对分区供水情况采取节能降耗措施**

给水工程规划的可持续发展，讲求对水资源及其他能源的有效利用，因此有必要探索相应的措施，在保障用水的同时尽可能地节能降耗。对于具有较大起伏的地区，给水工程规划必然需要考虑到分区供水的问题。根据不同地区的地势高低差距，进行合理分区供水，可以最大程度地节约给水能量的损失。

除了分区供水外，采取利用地心引力的作用减少能量支出，或者采取新技术进行变频供水等方式，也有助于节约供水能量。此外，在给水工程规划中，对供水管道的直径进行确定时，应当按照经济流速作为直径选择的参考指标，从而可以减少水头损失，进而实现节能降耗的目的，促进给水工程建设的可持续发展。

**3.做好水质的预测和消毒管理**

给水工程规划的可持续发展，不仅要体现在资源的节约上，还需要体现在以人为本、关注人体健康上，因此必须高度重视饮用水的水质。重点是加强水质检测工作，对水源水出厂水、管网水水质按照有关标准规定的检测项目、检测频率进行检测，定期分析检测数据，分析每项检测指标的变化趋势，结合《生活饮用水卫生标准》指标限值预测哪些指标存在可能超标的潜在风险，从而将这些指标作为重点监测对象，加大检测频率，确保符合《生活饮用水卫生标准》的要求，保障城市供水水质达标。

除了水质的预测外，城市供水的消毒管理也是可持续发展以人为本的重要表现。消毒的措施与方式，并没有固定的方法，而应该结合水源和管道网络中的水质情况进行综合确定，并且需要充分考虑给水工程施工现场的实际条件以及后期的运行管理的便捷程度，因地制宜地选择消毒方式。同时，要结合水厂供水实际情况确定消毒剂投加量，随时检测出厂水、管网水水质消毒剂余量，确保符合《生活饮用水卫生标准》消毒剂指标限值，保障城市供水水质安全。

随着我国城市建设与城镇化的快速发展，给水工程规划已经不仅是一项工程的规划，更是城市建设与发展规划的重要组成部分，是保证城市可持续发展的战略性规划，对于城市的健康与可持续发展有着重要的保障作用。因此，给水工程规划必须要充分考虑到可持续发展性，优化配置水资源，并提高对水资源的合理利用，使其发挥综合效益的最大化，从而促进城市的可持续发展。

## 二、给水管网布置

### （一）给水管网的科学布置

很多建设施工单位在布置给水管网的过程中，具有较大的随意性，导致管网布置不科学，不仅会增加工程施工成本造价，还会使居民的日常生活受到影响。在开展实际施工之前，工程设计人员需要与施工人员、管理人员等合作沟通，对给水管网的布置方式进行探讨。一旦管网布置不科学，就会使工程造价无法控制在预期范围内，还会在供水和管网的管理及维护过程中产生较多的问题。在开展规划工作的过程中，设计人员需要明确管网的现状，保证管网布置能够满足区域总体规划的要求。由于给水系统大多分期建设，但是不能确定其是否会按照分期建设的方式开展施工，因此，需要考虑这种建设施工方式的可能性，留有充分的余地。在布置管网的过程中，需要保证用户都能够有足够的水量及水压，还需要增强管网布置的安全性。在这个过程中，对其成本造价进行控制，主要需要保证敷设管线的距离是最短路线，降低管网造价，还能够在一定程度上降低供水量费用。

## （二）合理应用工程造价预结算方法

### 1.全面审核

在铺设给水管网的过程中，需要对相关材料及设备等进行全面的审核结算，使得工程造价得到全面控制。全面审核法能够对给水管网建设施工过程中投入的全部资金进行审核，增强结算工作的合理性。在应用全面审核法开展工程造价控制工作的过程中，需要严格按照工程施工图纸对需要结算的内容进行核查。在这个过程中，核算人员需要明确给水管网建设施工中需要使用的材料及设备的市场定额，将其纳入到结算范围内。这种方式能够使得给水管网铺设的工程项目单价费用得到较好的控制。

### 2.重点审核

重点审核主要是需要明确给水管网建设施工中造价控制的关键部分。重点审核法具有较强的侧重性，在开展相关工作的过程中能够体现较强的针对性。在开展给水管网造价工程造价控制的过程中，重点需要对管网铺设结算内容进行控制。结算人员需要明确管网铺设工作的重要性，对这个环节的施工流程进行掌握，再对各个环节需要使用的资金成本进行核查。管网铺设作为给水管网建设施工中工程量较大并且资金投入较高的项目，要求核算人员重视结算工作的开展，体现重点审核的效用。

### 3.对比审核

对比审核能够帮助结算人员对工程建设施工使用的资金进行更加深入的分析。在利用这种方法开展管网铺设结算工作的过程中，结算人员主要需要通过对相同区域的工程的分析、参考，为工程成本造价控制提供依据。给水管网工程建设施工可以借鉴较多相似功能的项目，因此，结算工作的开展也同样能够根据相似工程的材料等造价规律进行分析。核算人员可以对工程施工过程中的造价进行对比，明确其中的差异性，进而对其中不符合相关规定的项目内容进行重点审核。

### 4.分组计算审核

虽然管网铺设只是给水管网建设施工的一部分内容，但是还是需要使用较多的劳动力和资金。在开展这部分的结算工作时，可以利用分组计算审核的方法，对成本造价控制内容进行细化。这种方式能够使得核算人员通过精细化的项目分类明确各个环节需要使用的资金情况。在利用这个方式开展结算工作之前，首先需要明确分组的标准，还需要参考相似项目的性质及规模；然后核算人员可以对比相似项目，比较快速地了解核算内容，使得管网结算工作的准确性得到提升。

5.筛选法

筛选法在给水管网工程成本造价控制中的应用范围不广泛，但是在实际应用过程中，能够发挥较大的作用。这种方式与工程普查存在一定的相似性，管网铺设工作的开展具有明显的特点，在施工过程中需要对管线进行合理的布置，并且施工人员需要明确各自的工作职责，同时，还需要沟通合作，才能避免管网的交错。在实际施工过程中，可能会有不符合工程实际情况的问题产生，因此，结算人员就需要对其进行甄别和筛选，及时解决其中的问题，使得成本造价控制在预期范围内。

（三）最终结算阶段造价控制要点

在最终的结算阶段中，核算人员要将给水管网建设工程造价控制在合理范围内，进而在实际施工过程中能够达到工程施工的造价控制原则。在结算时核算人员需要对工程施工的深度及管网节点等进行深入分析，并且了解工程施工图纸，对其中的管线成本进行控制。核算人员需要在工程设计过程中对概算进行规范和严谨的编制，减少工程预算和结算的空缺。同时，核算人员需要根据工程设计、施工及管理人员提供的信息对给水方式及管网形式等进行明确。还需要对用户的水表进行合理的布置，达到节约用地的目的。在对水管成本造价进行控制时，需要保证干管、支管及接户管的大小，使其能够满足居民用水量的要求，并且不能浪费水资源。

在这个过程中，给水管网主管部门需要加强对工程结算工作的监督管理，提高工程投资效益。结算人员需要根据工程建设施工的结算要求开展相关工作，对工程施工各个环节应用的成本进行控制，使得工程造价控制在全过程管理的过程中发挥作用。核算部门需要增强核算人员的工作积极性，优化核算方式，对工程细节进行处理，发挥工程核算工作的价值。

## （四）实施阶段的工程签证

工程实施阶段是造价控制的最后阶段，也是工程建设施工及造价控制的关键阶段。给水管网建设施工会受到较多因素的影响，导致工程建设施工的成本造价难以控制在预期范围内。在实际开展给水管网工程建设施工的过程中，施工人员需要对地形、气候等进行分析，还需要结合区域内居民的生活习惯等进行考虑。在当前的给水管网工程建设施工过程中，对成本造价影响最大的就是工程签证，签证内容及管理方式会使工程造价难以控制在合理范围内，甚至可能会产生严重的法律问题。因此，在开展给水管网工程建设施工的过程中，就需要对签证进行严格的管理，增强工程建设施工的经济性和质量管理效用。

1.按照程序进行签证

签证程序的规范性能够使得给水管网工程建设施工的成本造价得到根本控制。不同的工程签证具备不同的要求，在处理设计变更签证时，首先需要由业主对施工设计图纸进行观察，当其设计不合理的时候，就需要向原设计单位提出修改要求。在这个过程中，原设计单位需要根据业主的要求将设计图纸交由负责人进行审查，一旦审查通过，就需要出具设计变更书，之后再交由技术负责人及设计单位签章。在开展工程审计工作的过程中，审计人员需要对签证的程序进行控制，保证其合法性及真实性。签证程序的规范性能够避免施工单位虚抬施工量和工程单价等，对工程造价控制有较大的效用。

2.审核签证内容真实性

在对签证进行审核的过程中，管理人员需要按照工程施工的实际情况对工程量进行检查，制定合理的工程量清单。在这个过程中，审核人员需要进入现场开展勘查工作，特别需要注重隐蔽工程的检查。为了保证签证内容的真实性，工程主管人员和签证单位需要在隐蔽工程被掩埋之前对其进行勘测和记录，强化签证审核效用。

3.审核签证内容合法性

签证内容需要符合法律规定才能开展工程施工，否则会使工程整体施工受到严重的影响，缺乏法律效用。监管单位需要对施工单位的招投标文件进行检查，还需要对施工合同的内容进行核查，保证其符合国家有关规定。

4.审核签证内容合理性

在对签证进行审核时，需要保证签证内容的合理性，才能从根本上对工程施工的成本造价进行控制。监管单位需要进行市场调查，对施工过程中使用的管材质量及对应的价格进行调查，在确定施工设备及管材的规格和品牌之后，就需要明确规定材料及设备的造价。同时，还需要保证材料、设备的参数等，全面掌握签证内容，通过严格的审查，保证签证内容的合理性。

给水管网建设工程存在一定程度的特殊性，对专业技术的要求较高，在开展工程设计和施工的过程中，需要对成本造价进行控制，使其能够控制在合理范围内。造价控制人员需要监管工程方案的设计及实施，并且对签证进行严格审核，减少影响工程造价的因素，增强给水管网建设的安全性及经济性。

## 三、排水工程概论

### （一）市政排水工程准备阶段的技术要点分析

1.选择排水方式

选择正确合理的排水方式，可以为市政排水工程提高有效性提供保障性基础。当前我国大部分城市在选择排水方式的过程中，一般都是以分别进行处理、集中进行排除的原则来选择。这种排水方式的主要工作原理是，将所有污水统一排放到化粪池中，然后在化粪池中对污水进行分离，当分离之后再与雨水、生活污水汇集，最后统一排放到排污管网之内，然后所有的污水就会进入到江河或者是沟渠之中。相关工作人员在选择排水方式的时候，必须要充分考虑居民区内产生的污水，或者是加工企业产生的污水的不同特质，进而选择正确的排水方式，同时要保证所有的污水都要经过科学的处理后，达到国家要求的标准，才可以进入到市政管网中，最终排放到沟渠或江河之中。

2.排水系统设计

设计排水系统过程中，首先要考虑实际的污水排放量，选择的管材以及设计的管径达到设计之初的要求，要求不能超过充满度的65%，从而避免造成排水系统产生超负荷运行的情况。在坡度设计方面，要充分考虑各地区的实际情况，并要综合考虑管段口径的大小，从而保证排水管网运行的有效性得以保障。

3.排水管材的选择

不同排水管材在不同环节，所承担的排水任务也不相同，另外，管材所埋深度、土壤压力、管径等都存在差异。因此，必须根据实际需求科学选用相应的管材。当前较为常用的管材一般以HDPR钢类复合管、玻璃管等为主，主要以选择质量好、强度高、抗腐蚀性强的管材为主。

4.汇污窨井的设计

所谓汇污窨井也就是平时所说的化粪池，其主要作用在于将废水处理达到市政排污质量要求。当前，我国针对市政排水工程汇污窨井设计方面，出台了专门的设计手册，在设计中必须以该手册为指导。但是不同市政排水在需求方面、环境方面都存在差异，因此，相关设计单位在设计过程中要予以把握，从而保证符合污水排放的要求和标准。

5.道路开挖和设施保护

在进行市政排水工程施工中，地面开挖是必须工序，在开挖过程中，必须要设置安全警告，并且要将施工路段设置围挡，从而保证施工的安全，并且要按照施工图纸进行施工，先进行开口，然后用切割机将路面切断，然后运用挖掘机进行开挖，最终将残土用自由卸车运至土场。

（二）排水工程施工阶段的技术要点

1.管材质量验收

施工阶段要根据排水工程的设计要求，通过每个环节的管材需求来进行管材质量验收工作，特别是插口和承接口两者的内径要保持一致，检查其是否存在变形、弯曲等问题，当检查无误且符合设计要求，才可以进场使用。并且要做好管道顺直度、坡度的检查控制，从而保证设计安装中可以提高有效性应用。

2.管道安装施工

在管道安装施工中，主要做好管道半径处的挂边线保持紧致，在调节管节中心线、高程中，必须要用石块支垫，从而保证管道足够牢固，有效避免了两管错口的情况发生。在浇筑管座的时候，首先要用相同标号混凝土将管道两侧、平基相接的地方填实，然后再进行浇筑，并且浇筑时候要保证两侧同时进行。如果施工处于雨季应缩短开挖长度，如果沟槽的软土层被雨水冲刷，就需要立即采用砂石等来置换软土层。

3.管道功能测试

在测试前，首先要进行基本质量检测，保证管道没有任何积水，所有预留的孔洞都已经被封堵完毕，不存在漏水的现象。当排水系统基础施工质量方面都没有问题的情况下，才可以进行闭水试验，在实际进行闭水实验过程中，要分别进行上段、下段的实验，目的在于可以提高管道测试的有效性，再者还可以有效节约水资源。

4.管道沟槽回填

首先，要检查沟槽，将其中存在的模板、钢材等所有杂物清除，同时将沟槽内的积水清除，才可以进行管道沟槽回填工作。要保证回填土内的水含量在合理范围内，然后再按照排水方向，从高到低的顺序，进行分层回填还土。当完成沟槽回填工作以后，再仔细检查原有的施工路面，将路面恢复到施工之前的状态，然后再请监理人员检查。如果因为市政排水工程施工导致路面产生任何缺陷，相关单位都要负责对该路面进行维护、处理，直至责任期满。

5.路面恢复

在路面恢复中，主要工作就是路面的摊铺工作。负责摊铺路面的施工企业，要保证施工中所用熨平板的温度与原路面相比达到65℃以上差距，才可以开始进行铺筑工作。在铺筑过程中，应该将横缝位置所要铺筑的新路面的实际厚度进行测量，从而就可以得出路面的实际高度。

在进行路面碾压过程中，要分别进行初压、复压、终压三个阶段。当完成碾压之后，相关单位还要委派专人检测路面的平整度，如果发现路面平整度没有达到要求，就要立即按要求进行处理。在碾压的过程中，要让驱动轮朝向摊铺机，并且碾压的方向要保持统一，在碾压过程中，压路机启动、停车都需要减速缓行，这种情况下才不会产生如鼓包这种现象，并可以有效控制碾压对路面产生的不良影响。

总而言之，市政排水工程关乎城市居民的生活基础保障，对于百姓的生活质量有着直接性影响。因此，在进行市政排水施工中，要切实做好施工技术要点分析工作，从而提升建设行为的有效性和质量。

### 四、排水管道施工的技术

#### （一）施工前准备

在施工之前，施工人员和管理人员必须将项目区域内的地形、土壤、水文、交通环境、地表建筑等情况完整分析，并绘制出足够精确的图纸，以保证施工前能够尽可能绕过所有不确定因素，降低施工时的失误率，加快施工进度。同时绘制好的图纸要尽快交到施工人员手中，让其拥有更充足的时间来完整了解施工现场环境和施工方案，避免遇到某一部分施工时没有准备，出现失误。

在施工开始时，管理人员、施工人员和其他部门要保持实时且通畅的联系，对各部门的看法和意见都要加以分析，对不合适、不合理的地方要及时作出改动，不要因为不应该的错误影响整体施工的效率。同时在施工中也要定期进行试验和质量检查，以周期的方式确定工程质量是否合格；其次，工程人员也要针对施工中可能会出现的突发情况提前做好应急预案，降低发生状况时的反应时间，而面对未做预案的新问题时也要冷静思考、快速检查、准确分析，以最快的速度作出正确反应，避免对施工的速度和质量造成双重影响。

#### （二）放线测量

放线测量是项目施工之前相当重要的一个步骤，如果在放线测量时出现了数据偏差，将会严重影响施工进程和施工质量；反之如果放线测量精度高，那么施工的过程将能够完全按照图纸所示顺利进行。所以不论是为了质量还是效率都必须保证放线测量的准确。提高测量放线精度的方式主要有三种；一是选择经验足、技术好的放线员来进行精准操作；二是使用更先进的放线仪器并配合计算机技术来标记桩坐标；三是利用多次测量的方式取出现概率最高、精准程度最高的数值。

#### （三）挖沟槽

沟槽挖掘的良好性是保证管道铺设顺利的关键，在挖掘沟槽时一要保证管道中心线精准，误差范围越小越好，最低不能超过规准区间；二要尽量使用机械挖掘来保证精度，机械无法到达的位置再使用人工挖掘。

（四）安装管道

在安装管道之前要严格保证管材的质量以及模板的位置、强度等硬指标，当硬指标达标后方可进行安装。安装过程中必须严格按施工图纸进行，拼接过程常用水泥砂浆填缝，随后清理接口。润湿包裹，切记在包裹后的72小时之内需要定时喷水以保持湿度、防止龟裂。

（五）闭水测试

在完成施工之后为了明确检验施工质量，需要对工程进行闭水测试来排除存在的问题，对那些测试中漏水、移位、下沉的管道需要派专业人员进行维修调整，如果无法维修则必须对该位置以及有可能出现问题的位置全部返工，待返工完成后再次进行闭水测试，直到检验完全合格后方可回填验收。

作为我国从农村化迈向城市化过程中无法避免的重要工程，市政工程排水管道建设的质量好坏会对人们的生活造成相当直接的影响，虽然在目前阶段排水管道的施工依然存在着不少经常出现的问题，但随着科学的发展以及施工人员对问题的理解，未来市政工程排水管道的建设质量自然会不断提升。此外，在施工过程中，施工人员要严格按照合理、科学的流程进行施工，并严格遵守施工规章制度及验收标准。

# 第二节　市政规划与给排水工程

## 一、市政工程给排水规划设计

### （一）市政给排水工程规划设计中应该采取的对策

1.完善市政给水系统

应该加快市政管网的普及和建设。要求设计单位在充分进行实地考察的基础上，多听取、采纳用水单位的意见，并将近期和远期相结合进行规划设计工作，促使给排水工程的建设切实做到因地制宜。譬如，该处道路未进行建设时，应该在主路上预留该污水管和雨水管口，方便后期道路建设时的管线接入，避免重复施工、浪费资源，争取利益最大化。

2.加强水资源的循环利用

水资源短缺已经成为当今全球所面临的重大问题，亟须解决城市水资源的净化和循环再利用。我们必须采取积极有效的措施，使水资源不仅能被人们充分利用，而且还能循环再利用。水资源短缺的矛盾可以通过现代科学技术来解决，它能将水资源循环再利用，还能减少淡水资源的污染和破坏。同时，应该加大对水资源循环利用方面的科学研究和财政支持，使现代科学技术为给排水工程节水提供合理的技术支持，如利用中水回用、海水淡化等方式。

3.深化水价改革，增强节水意识

节水与水价的高低存在相关性，改革水价对节约用水有积极的推动作用。只有抬高水价才能让人们有滴水贵如油的感觉，大家才会真正从心底努力节约用水。节水的价格机制的建立和完善有利于确定水的价格，在一些高耗水、高污染的企业、单位用水中实行限制用水，超额提价的方式来限制其浪费水资源。

4.加大节水宣传，完善法律法规

通过舆论宣传，增强人们的节水意识，加大宣传节水工具的优势等。例如，鼓励人们安装、使用节水龙头等。在给水过程中，可以采取一些降低压力手段来节约水资源，减少浪费。同时，加快给排水规范的建立和补充，并完善我国法律法规对给排水管理的法律约束，明确的管理权限、责任制度等。

（二）市政给排水工程的设计要点和原则

1.给水系统的规划设计

目前来说，我国给水系统面临着巨大的压力。我们的生活中随处可见智能化的供水装置、变频供水设备的大量使用，尤其用于城市的给水管网压力时，城市的供水日系数变化较大的现象产生，高峰期时段更加严重，当供水量的增长过快时，将产生大规模的供水安全问题。所以，对于城市供水压力大的问题，通过使用高位水池或者设置对置水塔的方法来进行解决，这样可以有效减少使用水量的日变化系数，供水的安全系数也大大提高。

应该以发展的眼光对市政给排水管网进行设计，充分考虑近、远期的实际情

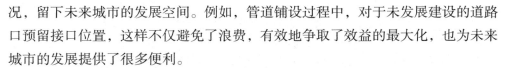

况，留下未来城市的发展空间。例如，管道铺设过程中，对于未发展建设的道路口预留接口位置，这样不仅避免了浪费，有效地争取了效益的最大化，也为未来城市的发展提供了很多便利。

2.雨水系统的规划设计

雨水系统的规划设计在市政的给排水工程规划中至关重要，其设计的好坏与城市排洪防涝紧密相关，直接影响着一座城市是否会出现下雨天"看海"的景象。海绵城市成为现在城市研究的新热点，在进行雨水系统的规划设计时，要做到雨水的循环利用，将初期雨水弃流，后期雨水进行收集利用，一方面可以补充城市景观水体等，另一方面可以用于景观绿地的浇灌等。

3.污水系统的规划设计

合流制设计与分流制设计常用于污水系统的规划设计，对于新规划建设的城区一般都采用分流制的规划设计方案，雨污水管线完全分离，不但可以减少污水厂的处理压力，而且雨水能够收集再利用。

我国大多数城市的老城区排水系统建设较为混乱，要实施雨污分流改造十分艰难。因此，对于老旧城区的改造一般采用截流式的合流制规划设计方案。虽然污水量会比分流制多，但是合流制的下水道系统可以充分利用其原下水管道的系统来进行规划，并且通过对其进行改造、重建以及完善，最终可以将技术水平控制在较雨污水低的位置，在老旧城区中得到了广泛的应用。

综上所述，市政给排水工程规划设计中存在许多问题和矛盾，如何做好这项工作意义深远。编制给排水规划应充分考虑多因素，这不仅是城市未来发展的需要，也是水资源综合利用和保护的需要。

## 二、论市政给排水工程规划设计

### （一）市政给排水工程规划设计的准则

1.城市人口与生态环境相结合

市政给排水工程的规划以人为基础，坚持全面协调可持续发展，调节好城市人口和生态环境存在的直接联系，以不破坏原有生态环境为条件，做好水资源的调配和循环再利用；并根据城市的地势地貌状况，设计符合实际要求的给排水系统，使居民的生活更加完美，在设计中加入节水的系统设计，合理治理污水，增加水的循环利用率。

2.调节好各阶段的设计工作

市政给排水工程是一项庞大而烦琐的系统性工程，不但涉及水源的寻找以及给排水管道的开挖和管道的布置，各个阶段我们都需要按照规划设计的理念严格地执行，使市政给排水工程满足城市的发展需要，并根据发展的阶段进行规划，能够满足城市的长期发展，使规划设计紧追时代的步伐。

## （二）市政给排水工程规划设计的策略探讨

1.加强水资源的挖掘和循环利用

目前，水资源短缺已经成为所有地区面临的重大问题，因此，需要尽快解决的重要问题就是城市水资源的挖掘和再度循环利用。根据水资源的分布特点，水资源在时间和空间上的分布存在很大的差异，我们要根据不同的水质，规划设计不同的给排水方案，实现社区给排水系统的优化配置，并认真落实给排水工程的规划设计，达到施工的最优状态。现在城市水资源的供应处于被动的局面，要彻底地改变这种状况，我们必须积极地采取有效措施，达到对水资源的充分利用，不浪费一滴水。在节约用水的同时我们不能忽视保护水资源，减少水资源的污染，给生态环境减压减排。

2.加强雨水系统方面的设计

防洪排涝是一个城市基础设施中最重要的一部分系统，只有建设好了这部分，才能给城市居民带来美好的生存环境，也是可持续发展的必然要求。雨水规划设计应与城市防洪排涝相组合，尤其在一些平原地带更显得极其重要。雨水系统分为两种：分流制和截流式合流制。一般情况下，新的城区多数采用第一种，旧的城区大部分采用第二种，但分流制雨水系统在实践中是很难达到的。比如，雨水系统中若有一根搭错，两个系统就会达到互通也就是合流制，所以这是在施工过程中要特别引起注意的一点。

3.加强给排水工程管道的规划

给排水管道系统包括四个方面的内容：给水管网的布置、排水管网的布置、污水管网的布置和雨水管网的布置。给水管网的布置需要根据城市建设的总规划，确定给水管道的整体规划和长度。管网的设计以树状和环状为主，树状的特点是成本低、耗材少，缺点是安全性能低，一般在中小城市采纳得比较多。环状的特点是安全性能高，缺点是成本高、耗材多，一般应用于大城市。环状雨水系统的成本高，但为了保证居民更好地生活，中小城市也应该根据实际条件多采用环状雨水系统。

4.完善国家各项相关法律法规

我国给排水系统的体制仍然处于混乱的状态，我们需要运用有利的法律手段来保证给排水工程的建设和管理，依据国际上通用的规则进行设计。没有明确的管理权限、给排水工程的管理责任制度不明确等，是我国法律法规目前在这方面存在缺陷，国家需要完善法规或者借助行政立法来解决这些方面所面临的问题，实现规划、施工、后期维修、监督部门的权力和职责的统一。

水资源的浪费和污染问题是制约城市发展的关键性问题，更高质量地规划设计市政给排水工程，不仅是城市排水工程的自身需要，这是一个城市走可持续发展道路的基石。市政给排水工程的规划设计在一个城市的建设中占据极其重要的位置，它不仅能够保证城市道路的正常通行，还能对实现城市建设起到很重要的意义。

## 三、市政工程给排水系统规划设计的优化

### （一）市政给排水系统规划设计的重要性分析

一个城市的市政给排水系统设计得是否科学合理影响着这个城市的生态环境的好坏，而城市的生态环境制约着城市的经济发展水平，所以构建科学合理的市政给排水系统对于一个城市的发展十分重要。只有加强对城市市政给排水系统的规划设计才能为城市提供科学合理的市政给排水系统，因此，城市市政给排水的规划设计有着十分重要的作用。市政给排水系统是解决城市输水、排水、水资源净化等各种问题的系统，良好的市政给排水系统能够保障城市居民的用水量，同时还能够解决水资源污染、旱涝灾害等问题。可见科学、有效的城市市政给排水设计规划对整个城市的发展有着巨大的促进作用。因此，要以整个城市的规划安排为依据，合理、有效地对城市市政给排水系统进行规划设计，有效利用水资源，改善城市环境，促进城市协调可持续发展。

良好的市政给排水规划设计能够提高居民的生活质量，它不仅可以有效为居民提供用水量，还能够控制和解决水污染、洪涝灾害等问题。给排水系统不仅

仅是包含供水和排水两条管道系统，还囊括了生活污水处理、洪水排泄等系统功能。规划设计一个良好的市政给排水系统，可以妥善处理每一个给排水环节，从而使得居民的生活环境得到改善，提高居民的生活质量。合理有效的市政给排水系统可以提高水资源的利用效率。我国水资源分布不均，且水资源浪费和污染相当严重，加上最近几年我国经济得到快速发展，造成更多的水资源污染和浪费问题。这要求城市建设的过程中要科学合理地规划设计城市市政给排水系统。只有这样才能使得城市的市政给排水系统有效处理城市污水，做到节约水资源，并提升水资源的利用效率，实现城市经济繁荣稳定发展。

### （二）市政给排水系统规划设计的优化策略

1.给水系统规划设计

随着变频供水设备的大量使用，特别是城市给水管网压力智能直接供水装置的推广应用（取消屋面水箱），在中观层面出现的问题是城市供水日变化系数变大、高峰供水量增大，从而相应加大水厂供水规模。因此，在这种背景下，城市供水系数应考虑设置倒置水塔或高位水池的方式来降低日变化系数，同时也提升供水安全度。同时给水系统规划设计应充分考虑近远期结合，为未来留下发展空间，如道路管线综合时给水管位的预留，给水管径合理确定等，避免重复投资，争取效益最大化。

2.雨水系统规划设计

雨水系统规划设计应与城市防洪排涝规划和城市竖向规划相结合，特别是地处平原、盆地的城区，这三者的有机配合显得更为重要。譬如，市区内河设计标准采用五年一遇不漫溢（水利标准，相当于城建一年一遇标准），而相应道路排水重现期P=1年情况下，两者洪峰相遇是经常性的，雨水管道出口经常是压力流出，因此雨水系统要进行必要的压力流校核，同时与竖向标高相协调，避免在重现期P=1情况下，雨水溢水路面。

3.城市污水系统规划设计

对城市生产和生活造成的污水，在新建设的城区中污水排放大多是采用分流制的排放方式；而旧城区的老污水管道系统，排放方式一般都是采用合流的方式，在老城区中，城市雨水和污水系统早已建成，对老城区的雨污水管道的合理拆分，分流排放改造，是排水规划调整时首要解决的问题，因此分析现有雨污水系统排放条件，本着雨水就近排入城市雨水系统或河道流域，而污水就要纳入整个城市污水排放体系，最终进入污水厂统一处理后达标排放，对合流管道合理分流，在老城区污水系统规划设计时需要解决。在新建设的城区中，污水管道的规划是与城市给水管道规划相辅相成的，污水量的来源应与该区域给水用量相结合，根据合理的给水量，确定出切合实际的污水流量，规划设计出合理的污水管道系统。

4.市政排水防洪排涝规划设计

城市的防洪排涝也是规划设计很重要的环节，在设计城市排洪防涝时要格外慎重，要注意提高防洪排涝设计的合理性。城市防洪排涝在于外洪和内涝，对于外洪要以防为主，而内涝以雨水排出和洪水滞蓄为主，造成内涝的客观原因是降雨强度大、范围集中，规划设计时就要考虑雨水排除系统和雨水滞蓄措施相结合，在雨水管道规划设计时考虑雨水排放能力的同时，还要对管道雨水滞蓄能力进行核算，使雨水管道规划设计既可达到雨水排出的需要，又要达到城市雨水滞蓄要求，同时也可在考虑城市其他方面建设时兼顾对雨水滞蓄的调节，在建筑设计中，可采用渗滤沟、渗井、绿色屋顶、植草沟等措施，对雨水的洪峰流量进行调蓄，达到削峰滞蓄，使城市洪峰均衡泄流。

总之，市政给排水系统作为城市最基本的设施，对其进行规划设计是一项非常复杂的工程，所以需要科学、合理地进行，不仅要充分考虑城市当前城市水资源、水环境、水灾害等问题，同时还要对城市发展过程中可能遇到的一系列问题进行充分的考虑，从而保证城市给排水系统的规划设计的质量，这不仅是城市正常发展的需要，同时也是城市未来发展的保障。

## 四、CAD技术在市政给排水工程规划与实施管理中的开发和应用

### （一）CAD技术的功能

CAD系统具有工程绘图、工程分析、几何建模、模拟仿真等功能。因此，一个完整的CAD系统应由人机交互接口、科学计算、图形系统和工程数据库等组成。人机交互接口是设计、开发、应用和维护CAD系统的界面，经历了从字符用户接口、图形用户接口、多媒体用户接口到网络用户接口的发展过程。图形系统是CAD系统的基础，主要有几何（特征）建模、自动绘图（二维工程图、三维实

体图等）、动态仿真等。而科学计算作为CAD系统主体，具有动态分析、可靠性分析以及产品的常规设计和优化设计等。工程数据库可对设计过程中使用、产生的数据、图像和文档等进行相应的存储和管理。

就CAD技术目前可实现的功能而言，CAD技术的作业过程是在由设计人员进行产品概念设计的基础上建模分析的，完成产品几何模型的建立，然后抽取模型中的有关数据进行工程分析、计算和修改，最后编辑全部设计文档，输出工程图。从CAD作业的过程可以看出，CAD技术也是一项产品建模技术，它是将产品的物理模型转化为产品的数据模型，并将建立的数据模型存储在计算机内，供后续的计算机辅助技术所共享，驱动产品生命周期的全过程。

## （二）市政给排水工程概述

随着我国现代化发展步伐的不断加快，人口数量急速增长，城市建设中解决水环境的不断污染也成为建设过程中最为重要的一项工作。因此，合理、有效地防止水环境的污染成为城市建设中的一个难题，市政给排水工程的设计也为我们城市中的建设工作者解决了这项问题，为我国现代化城市建设作出了相应的贡献。由于人类的生存离不开水资源的利用，因此，城市排水管道系统在当今社会也被赋予了新的意义。做好相关设计建设工作具有非常重要的意义，在现代化城市的市政给排水工程的建设中，在以满足社会群众为基础的前提下，根据所在城市的具体情况做出对市政工程给排水管道施工质量方面的控制。

1.市政给排水工程的概念

作为可以使城市中其他工程设计得以正常使用的最重要的设施之一，市政给排水系统的作用尤为重要，这也是保证施工质量的关键因素之一。在城市建设中，市政给排水工程也是主体结构的基础，因此，加强工程施工的管理方法是尤为重要的，从而防止一些常见的通病出现。

2.市政给排水工程的作用

市政给排水工程是设计或管理城市自来水、污水的排放系统，是城市上下水管线的设计（设计院）、施工（建筑公司或市政公司）、管线的规划管理（建设局或规划局市政局）。

### （三）CAD技术的实施策略

**1.标准化管理**

目前CAD软件技术在市政给排水工程方面不能与专业图库达到互相调节的效果，且标准化管理的程度比较低。因此，必须解决给排水工程上的专业设计标准问题，完善新产品和典型设备的电子化工作，从而为市政部门制定电子化的专业标准。

**2.集成化管理**

市政给排水的工程设计工作必须使供电、煤气、交通等方面都得到相应的配合。只有这样，才可以使市政给排水工作顺利实施。如果这些方面处理不当，则会导致相互矛盾，使工程受到阻碍，也会加大成本。CAD软件技术的参与使各个专业的集成化有了系统安排，提升了工作效率，节约了成本。

**3.网络化管理**

在市政给排水工程作业中，计算机的相关应用起到了至关重要的作用，其中，CAD软件技术就是最主要的构建成分。通过CAD技术对复杂工程的分析，给工程施工提供了相应的便利条件，对工程中可能出现的问题进行了集中管理，从而满足了人们对现代化城市建设的需求。

随着我国社会经济的持续快速发展，CAD技术在市政给排水工程方面也得到了合理运用。我国的城市发展建设上了一个新台阶，随着市政给排水工程设计项目的不断增多，其工程建设内容也逐渐多样化，CAD软件技术的应用也越来越广泛。

# 第三节　市政给排水工程施工基础

## 一、市政给排水工程施工技术

市政给排水工程涉及的施工工艺比较复杂，施工过程受地质水文和地下隐蔽工程等环境因素的影响较大。因此，工程质量管理原本就有很大难度。加上过去由于施工技术问题以及监管不严或者市政规划等原因遗留的市政给排水系统的质量和设计标准问题，给新的市政给排水工程项目的质量管理带来了更加复杂的局面，因此需要我们高度重视市政给排水施工技术水平。

对于城市来讲，在其正常运转的过程当中，无论是从经济角度还是人们的日常生活角度来讲，水都属于其中不可或缺的重要资源。在城市市政工程建设过程中，给排水施工工程承担着城市生产，以及对生活用水和废水进行处理的作用。因此，为了能够更好地使城市进行发展，并且对人们的日常生活进行保障，市政给排水工程施工质量需要进行严格的控制与监督管理。

### （一）准备工作

在市政给排水工程的准备阶段，其管理改进的切入点之一就体现在图纸管理上。市政给排水工程的图纸管理在整个施工中起到了相当重要的作用，工程的图纸一定要进行有针对性的细化，尽量具体到哪一天哪些人要干哪些事情，从而保证整个图纸在工程建设中的指导意义。另外，图纸是市政给排水工程的设计蓝图，承载着市政给排水工程专家、工程师对于工程实施方法的心血，一定要做好相关图纸的保密工作，对于废旧的图纸进行销毁处理，从而保证市政给排水工程的图纸管理上的安全高效。

在市政给排水工程的设计过程中，相应的设计水平也要进行提升。在设计上，设计师要综合考虑市政给排水工程多方面的情况，可以考虑2～3个设计师一起设计的方法，设计中继续集思广益，将应考虑的方面进行扩大，充分考虑民生

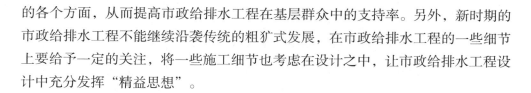

的各个方面，从而提高市政给排水工程在基层群众中的支持率。另外，新时期的市政给排水工程不能继续沿袭传统的粗犷式发展，在市政给排水工程的一些细节上要给予一定的关注，将一些施工细节也考虑在设计之中，让市政给排水工程设计中充分发挥"精益思想"。

### （二）施工阶段

#### 1.测量放线技术

良好的市政给排水施工测量，能够给整个施工过程带来非常积极的影响，所以，这项工作一定要拥有丰富经验的技术人员来完成，保证测量的精准和及时。想要保证每个施工环节都能够顺利开展，就必须要严格测量要求，在自检自测环节中可以提高50%的允许偏差精度比来要求自身，这部分可以让另外的专业技术人员来独自完成，然后再由另外一位来进行复核。

#### 2.沟槽开挖与施工

市政给排水工程施工的过程中，土方开挖的工程量通常较大。在沟槽开挖过程中，基本都是挖掘机、推土机、人工开挖相结合的方式，施工质量的控制难度较大。为此，需要在沟槽开发时，根据放坡范围以及施工高程状况，严格控制开挖深度，不宜过度开挖。此外，施工过程中，还要严格避免沟槽处理不到位造成管基下沉，影响整个管道运行。在市政给排水工程的施工过程中，对施工测量技术性能的要求较高。施工单位必须要安排专业人员进行施工测量，确保施工测量数据的准确性。这是因为，精准的施工测量，是实现管道安装合格的前提条件。在施工测量过程中，还要注意时刻检测仪器的性能，避免因为仪器性能不稳定影响施工的测量精度。

#### 3.管道安装

当进行给排水管道安装过程时，施工人员必须严格按照设计规范来施工，不能贪图方便，我行我素地进行施工，当施工过程中遇到阻碍，要第一时间反馈给设计人员并沟通情况。在管道安装期间发生中断施工操作时，要将管口密封好，尤其在安装竖管时要特别注意，可使用麻袋、木板或者布来堵塞管口，避免杂物流入管道中，造成管道堵塞的情况。当给排水安装过程中，不慎造成管道阻塞，这时一定要尝试清理干净堵塞物或者干脆更换管道重新安装。发生管道系统堵塞时，施工人员可以采用区域检查的方式来找到堵塞位置，进行补救措施。

### （三）竣工验收技术

管道施工全部完成后，需要通过闭水试验做好管道的全面检查。验收需要在施工完成以后进行，通过检查，及时发现管道是否存在拥堵、破漏现象，如果出现管道间对接处渗水漏水、通道基底部不稳固的问题，一定要及时进行修正，避免埋下安全隐患。排水管道做闭水试验应按设计要求和试验方案进行，试验管段应按井距分隔，抽样选取，带井试验。试验管段灌满水后浸泡时间不应少于24小时，检查管道是否存在漏水现象。

综上所述，市政给排水管道工程是城市建设中不可缺少的一部分内容，因此在进行给排水工程施工的过程中，一定要不断地变换思维、深入研究、大胆创新，采用可行的新技术、新工艺，防止出现监管缺位的情况，严格施工的同时还应该加强给排水施工过程的监管力度，避免出现工程质量、安全事故。

## 二、市政给排水设计的合理性建议

### （一）市政给排水施工概述

#### 1.市政给排水

城市给水和供水工作是城市给排水系统中的重要组成部分，我国城市居民不断增加，因此对于水资源的需求和消耗也在不断增加。同时，近年来随着人们生活水平的不断提升，人们对于水资源质量的要求也在不断提升。城市给水和供水工作直接关系到人们的正常生产生活，同时也是保障人们生命安全的重要设施和系统，因此政府应当加强对于城市整体供水系统的建设，保障充足的供水量和供水质量。

#### 2.城市地表和地下排水工作

目前城市主要采用的硬化路面，虽然能够方便人们的生活，但是在下雨时会有大量的积水，严重时会产生城市内涝的现象。人们在生产和生活的过程中会产生大量的生活污水和工业污水。如此大量的污水存在对于城市的环境来说是很大的压力，因此在进行排水工程建设的过程中往往进行城市地表和地下排水工程的建设工作，如果不对这些污水进行很好的处理就会影响到人们的正常生产生活，同时也会对城市的环境造成恶劣的影响。

### 3.市政给排水施工的重要性

我国的城市给排水系统工程的发展已经到了一定的程度，有着一定的良好基础，但是还远远不能满足城市对于给排水工程建设的需要，还有很多需要进行完善的地方。建立一个更加完善的城市给排水系统对于人们的生产生活有着十分重要的影响，同时给排水工程建设对于政府形象的提升有着重要的作用，能够成为一个城市整体建设质量的名片。

### （二）提升我国城市给排水工作质量的建议

#### 1.充分开发和利用水资源

要想提升我国城市整体的给排水质量就需充分开发和利用水资源，从上文可以看出，我国许多城市的供水系统存在问题，其中最大的问题就是清洁水源的缺乏，因此进行水资源开发和循环再利用能够大大缓解水资源紧张的情况。要对城市周围的江河湖泊进行合理的开发工作，保证城市供水资源的充足。同时应当加强对于水资源的综合利用，要对生活污水和工业污水进行处理，要保证处理过的污水能够达到规定的水质标准。目前在水资源利用方面的最大难点就是污水处理技术不高，用户不敢使用循环利用的水进行生产和生活，因此应当提升污水处理的整体质量，保证循环利用水的安全。

#### 2.妥善进行市政给排水管道的修改和设计

我国以往在进行市政给排水管道设计和施工的过程中存在着给排水管道网络混乱的情况，这严重影响到了给排水管道的正常使用。因此我国应当在进行建设的过程中根据城市的具体发展情况对以往不符合规范或者混乱的管道进行重新建设，同时要设计并规划出合理的城市给排水管道网络。在以后进行城市给排水管道建设的过程中应当依照设计好的网络进行建设工作，这样能够防止城市给排水管道的混乱，提升城市给排水管道建设的质量。

#### 3.加强对于排水工程的投入和建设

进行城市排水工作需要很大的人力、物力和财力投入，因此政府要想达到更好的排水工程排水效果，就需要加大对于城市排水工程的资金投入和人力投入。资金的投入主要是对整体工程的建设，人力的投入主要是对排水工程后期的维护和检修。要对城市的高污染企业的排水和用水进行限制，要求高污染企业对其自身的高污染设备进行更换和升级，同时要安装节能减排设施进行生产和建设，对于不符合相关要求的企业进行停业整顿。同时要在城市建立完善的排水设施和污水处理设施，要对排放的污水进行及时的处理，加大对于水资源的循环利用。

## 三、市政给排水工程管道施工管理要点

### （一）市政给排水管道施工准备阶段的质量管理

1.完善图纸设计，熟悉施工过程

图纸是施工的依据和标准，在进行施工之前，必须要对施工现场进行勘测检查，做全面的分析，对地层、地下水的情况做详细的了解，根据给排水系统功能的需要设计出相应的管道位置、深浅、尺寸等，综合工程实际情况进行图纸设计，并且施工单位的工作人员要掌握数据的精准性，以免在今后的施工中出现偏差；图纸设计好后，在施工前，要让相关的所有施工人员对项目图纸进行熟悉，明确施工中应注意的技术要点和难点，特别把控工程质量符合设计的要求规定，对有可能出现的质量问题提前做好防范措施，减少返工和后期维修。

2.对施工材料的质量进行全面检验

在施工过程中要对所使用的材料进行检验，无论是管材、配件、砂石、水泥等材料都要做详细的检查，对产品合格证、生产许可证等相关材料进行验看，如果有质量问题就不能投入使用，要确保材料的质量过关；在安装前要进行第二层次检查，发现有疑问的材料要停止使用或者处理合格后方可继续使用。

### （二）市政给排水管道的施工过程中的质量管理

1.沟槽开挖与支护施工管理

沟槽开挖是管道安装的前提，也是基础工作，对管道施工质量有最直接的影响，因此在沟槽开挖时要注意以下几点：在开挖前要明确施工中的关键部位，对地下已存的电缆和其他管道、构筑物进行排查，并与相关部门做确认沟通，保证清除开挖的障碍物，对开挖地区进行重点保护；要明确开挖现场的地质、水文情况，根据实际来确定开挖方式；如果采取机械开挖，则需要在槽底铺设20~30cm的保护层，施工完毕后再行清理；要做好沟槽的防水工作，并防止沟槽内出现积水现象。

沟槽开挖快要完结时，要迅速做好管道基础的准备工作，为减少沟底基土的

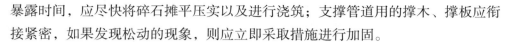

暴露时间，应尽快将碎石摊平压实以及进行浇筑；支撑管道用的撑木、撑板应衔接紧密，如果发现松动的现象，则应立即采取措施进行加固。

2.管道安装的质量管理

要保证管材和配件的质量过关，对于不符合标准要求的材料不予入场；垫层验收合格后可下管安装，管道安装前要对管内外清洁处理，保证其干净无杂物；下管时要采用柔性吊索，不可使用钢丝绳直接穿入管内吊起，以防对管壁造成损坏；吊管前要测量好管体的重心并做出标记，以便绑管时不会发生偏重现象，对管道应平吊轻放，避免管道之间或管道与基底发生碰撞。

3.进行闭水试验检测管道严密性

管道安装完毕后进行严密性测试，要确保管道外观质量符合要求，沟槽内没有积水、没有回填土，对管道进行隔断测试，每段管道的长度最好在1km之内，逐段进行检测。需要检测的管段应将管口封堵严实，然后往管内注满水，观察24小时，闭水实验是为检测管道是否存在漏水现象，是一个确定渗水量的过程，当测定出的渗水量低于最小渗水量要求时可以认定管道的严密性符合规定的要求。

4.沟槽回填的质量管理

当管道施工验收合格后则要对沟槽进行回填，要注意沟槽两侧同时进行回填，以保持其平衡性，槽底至管顶以上50cm处的回填土内不得含有冻土、有机物、大块砖石等杂物。在抹带接口处要注意使用细粒回填料进行填充，回填材料应当夯实压紧，对填土的含水量进行测试，确保含水量不会影响填土的密实度，填土表面要平整光洁，不得出现松散、离析现象。

城市建设的飞速发展带动了市政给排水工程建设的不断增多，但同时也对市政给排水工程提出了更高的要求，因此我们在做市政给排水施工时要严格按照设计与国家规范规定的标准来执行，建设符合实际情况的给排水工程，加强对施工各环节的质量把控与统筹管理，努力提高工程质量，能够节约水资源，缓解城市用水压力，让市政给排水管网更好地为人民服务。

## 四、市政给排水施工和质量控制

### （一）严格进行给排水工程设计图审核，强化技术交底效用

要强化市政给排水工程的施工质量控制，就要严格审核给排水工程的设计图

纸,做好技术交底工作。要掌控市政给排水工程的施工质量,就要在工程正式开工前对其设计图纸进行审核与复查,由该工程的建设单位、监理单位、施工单位及设计单位对施工图图纸细节进行推敲与审核,深入探讨图纸细节,对市政给排水工程中管网的厚度、材料、直径、管长、走向等参数进行了解与分析,确保设计图纸与施工现场实际情况相适应,为施工质量控制提供保障。

(二)集中编制给排水施工技术,促进施工质量管理规范化发展

施工单位重视给排水工程施工技术编制工作。施工单位要结合市政给排水工程的施工地理位置、当地气候、洪涝灾害情况,对工程选用的施工技术与工艺进行整体优化,并依照"排水泵房—排水主管线—排水支管线"的顺序对工程排水系统进行优化测试。施工单位还要结合过去参与过的市政给水工程的施工经验,补充本次工程的施工细节与检验程序,严格划分控制点等级,明确质量检验方法,并认真填写质量检验报告,促进施工质量管理规范化发展。

(三)严格遵守国家质检标准,加强质量控制监督工作

建设单位要严格遵守国家相关质检标准,依照国家提出的市政给排水工程施工质量管理相关条例与质检规范开展工作,加大对施工单位的监督力度,强化质量控制监督工作。现如今,我国市政给排水工程是各地区政府开展公共基础设施建设的主要内容之一,建设单位的质检人员要将国家标准作为工作导向,对工程施工的各个环节进行严格的监督与管理,防止出现偷工减料、投机取巧现象。

(四)重点关注管件管材安装质量,保证材料性能稳定

要加强对市政给排水工程的施工质量控制,还要重点关注给排水工程的管件管材选用环节,严格管理管件管材质量与安装技术,以保证市政给排水工程的施工质量。建设单位工作人员要基于现阶段对管道材料的要求,进一步强化对管道材料的监管,不仅要严格检验管道材料的抗压性、抗渗性及稳定性,还要分别在材料选定、材料采购、材料进库、材料进场及正式安装之间对管件管材进行检查,在最大程度上保证管件管材的质量。

## （五）建立健全第三方监理标准，提高质量控制水平

要基于现阶段"第三方监管单位工作缺失"的情况，建立健全第三方监理工作标准，规范监理单位市场，统一建立质量标准，在工程管理中赋予监理人员更多的管理权限，便于监理人员对给排水工程的各个环节进行监督、管理及协调，从而提高监理效用，进一步强化市政给排水工程的施工质量控制。

综上所述，市政给排水工程的质量控制是关乎我国现阶段公共基础建设发展的重点话题，各有关部门及单位要重视给排水工程的质量控制问题，分别从设计技术、质量管理、施工监督、管材安装、第三方监理等多个角度入手，提升设计水平与施工质量，端正质量控制态度，树立严谨工作作风。各有关部门要从市政给排水工程的各个环节入手，有效解决常见的施工质量问题，强化我国给排水工程质量。

## 五、城市市政给排水规划设计

### （一）城市市政给排水规划设计的要求与意义

#### 1.水资源合理利用

水作为人类生命之源，与人们的生活有着十分密切的关系，也是城市持续发展建设的重要资源之一。能够合理开发水资源将是城市持续发展的关键，人们的生活离不开水，城市的发展也更需要足够的水资源。为此，通过合理化、科学化对市政给排水系统的规划设计，可以很大程度上提升水资源的利用率，更好地保障城市持续、健康发展。就目前来看，水危机已经影响到了我国经济的发展，给我们敲起了警钟，也引起相关部门高度重视。比如，市政给排水系统出现规划设计不合理或者未能满足城市未来发展的需求，那么直接影响到城市水资源的充分利用，不仅严重浪费水资源，还严重地破坏了水环境，从而影响了城市经济的发展。因此，在市政给排水工程设计阶段，一定要遵循相关设计规范与标准要求，提高水资源的利用率，规划与设计出最佳的城市给排水方案。

#### 2.提升城市环境的质量

近些年来，随着我国国民经济与城市化步伐不断加快，城市环境污染问题尤其突出，发展的趋势也越来越严重，其中水环境污染更为严重，已经给人们的身体健康带来了威胁，影响了人们生活质量。城市市政给排水系统对水环境有一定的影响，为此，在规划与设计市政给排水工作时，首先要满足当前城市发展需求，其次也要为未来城市发展前瞻性考虑，以最大程度改善整个城市的水环境质量，并提升整个城市的环境质量。

3.满足城市整体规划

城市建设与规划工作中，市政给排水规划设计是其中较为重要的工作，其设计工作的合理性、科学性直接影响到城市的发展与前景。市政给排水规划必须要与实际城市整体规划融合与协调，在给排水工程规划设计中，必须考虑到城市整体规划的内容，设计出来的方案是否能与城市规划协调起来，只有两者协调起来才是最佳的方案，方能更好地促进城市快速发展。

（二）城市市政给排水规划设计

1.给排水系统规划与设计

伴随城市化进程不断扩大，居民用水量不断增加，规划与设计好给水系统工程能够给城市生态环境提供保障，促进城市能够持续性发展。近年来我国大量人口涌向城市生活，城市人口越来越多，造成城市水资源供应出现较为紧张状况。城市的水资源的缺乏已成为社会关注的问题，水资源的开发与再利用便成为设计人员急需解决的课题。由于各个区域水资源空间分布有着不均衡的情况，水质问题在设计过程中需考量，依据水的用途等具体情况，合理分配与优化水资源，为此，要设计人员做好前期用水量的预测工作。城市市政排水系统以防洪排涝为宗旨，应该对城市的气候、降雨量、排洪流域面积等因素进行综合考量，选取科学合理的方案措施，将雨水收集进行另当其用。另外，针对城市污水将其回收利用，经过科学处理后再循环利用，这样可以减少对水资源的污染。

2.合理选用给水水源

城市市政给水源的选择过程必须做到几点：①保持城市用水水量的充足，水质必须达到国家卫生要求与标准；②城市给水水源选用地下水时，根据城市实际水储量的能力适当开采，不可以超出实际使用量，避免严重造成水资源的缺乏后果，若选用地表水为给水水源时，必须确保水源地在枯水期的水量不能低于90%；③针对水资源缺乏的现象，城市可以建设相关储存天然降水的存储设施，对天然降水进行充分的利用。

3.雨水系统规划与设计

城市的发展给自然环境带来严重的破坏，引发了各种各样的自然灾害，对人们的生命与财产安全造成威胁。在我国南涝北旱的情况越发严重，比如，近些年来南方夏季雨量不断增加，对城市防洪排涝的能力是一种严峻考验，城市给排水系统可以起到防洪排涝的功能，良好的排水系统可以大大减少洪涝灾害带来的安全隐患，避免出现不必要的经济损失，所以城市市政给排水系统的规划与设计工作至关重要。通过将城市的防洪防涝系统与城市雨水系统有效结合，以城市竖向规划的辅助，这样可以保证城市给排水系统工程有一定的良好效果。

4.污水系统规划与设计

在日常生活中，人们每天有大量的生活污水排放，在老城区一般采取集中处理形式，在新城区则采取分流处理形式。从目前城市排水系统来说，分流处理形式不利于现代城市建设，因为城市雨水与污水会出现交叉处理的情况，分流处理形式将会变成集中处理。以上述这一问题，可以使用分流处理形式对化粪池进行处理，并结合高技术施工方式，需要确保污水管道施工标准，加强监督。特别是在多雨季节，可以选择截留处理形式，减少对城市环境的污染。

5.排水材料的选择

城市市政给排水系统工程所使用材料的选择会直接影响到整体工程的质量，也是市政给排水工程设计中重中之重。预应力混凝土管道是市政排水工程中的常用材料，同时也是主要构件部分，为此，必须保证管道的质量，混凝土管道的选用一定要满足市政排水实际要求，一般管道直径选用20cm以上。由于混凝土管道自身价格与性能都有显著的优点，强度稳定性较高以及不容易受到腐蚀，城市市政排水一些主干管道在设计过程中经常选用该种材料。另外，PE管材也是城市市政排水工程的结构材料，PE管材又可以划分为低密度PE管材、中密度PE管材以及高密度PE管材。因为PE管材自身有着较为高分子材料的特性，在城市市政工程中以最大程度发挥其延展性与材料柔性优点，PE管材的结构耐冲击能力也较强，能够很好地解决与适合城市市政排水程的各种问题。除此之外，要充分发挥PE管材物理、化学的稳定性以及抗腐蚀等优点，使得市政排水工程满足城市建设实际发展的需求。

科技的发展，产生了很多新型材料，铝塑复合管就是当今市政排水工程新型材料之一，其有着非常好的抗腐蚀能力以及可加工的特性优势。在城市市政给排水工程设计过程中，在一些比较特殊的部位与节点上可以选用铝塑复合管的设计，最大程度上发挥出其管材的物理与化学稳定性能的优点，构建出科学合理与高效的城市市政排水系统。

在城市市政排水材料设计过程中，要合理选择功能性复合管，然而孔网钢带塑料复合管也是目前主要使用的材料，也属于复合型管材，其有着聚乙烯、钢结构较高的特点，在城市市政排水工程也得到了广泛使用，能够满足工程需要。

市政给排水工程能够营造出一个便利与优质的城市环境，并能够提升整个城市的综合服务能力与质量，也是城市基础设施建设中的主要组成部分。随着城市化的快速发展，市政给排水设施出现了诸多问题，为此，必须合理、科学做好城市市政给排水的规划与设计工作，为城市持续发展奠定良好的基础。

## 六、市政给排水设施工程质量管理

### （一）市政工程质量管理

工程质量的高低优劣，极大决定了工程建设项目是否能实现其功能属性。在工程的设计、实施以及验收的过程中，质量控制与管理就是要完成对参与人员管理的过程，即保证项目质量符合合同规定的标准。

市政工程与普通建设工程不同的地方主要在于：项目的客户或是业主是政府部门。市政工程带有公益性、长期投资性、与民众的生活密切相关的特点，因此做好市政工程质量管理能极大改善民生，提升人民的"幸福感"。

1.工程质量管理的概念

工程质量管理概念就是在工程实施目标中设立合理的质量标准，并在各个实施环节、验收环节能够达到预期的质量标准，通过监管保证项目参与人员完成的项目达到预期质量标准，即工程质量管理是为了保证项目工程验收时达到业主或是客户的预期（合同中规定）质量要求，是实现项目目标的重要管理手段。工程项目的各个环节都需要严格遵守项目管理的标准和规范，具体如发包、竞标、造价、开展施工、项目验收等环节。

2.质量管理的主要原则和方法

设定科学并且规范的管理模式是在市政工程项目实施之前，完成高质量工程的关键。在市政工程项目实施中，施工各个流程以及施工现场的管理工作都需要通过有效的管理手段进行监控，以便能根据施工中出现的问题来调整具体方案的执行；在市政工程项目验收时，要根据质量体系标准与合同规定来严格验收。具体主要原则包括：合同准则作为首要准则，做好施工人员的管理工作，借助项目管理思维来统筹项目工作，做好施工现场的管理工作，能够应对施工项目中出现的各种突发状况。

技术一直在发展，因此相应的工程质量与行业标准也在不断优化与提升，当前的市政工程项目的质量更倾向于对环境影响小以及更具有稳定与安全性，是当前质量管理方法首要考虑的目标。具体主要方法包括：技术指导法，从技术和方法层面对工程进行指导；抽查法，利用较少成本有效完成目标；试验法，通过实验来对不同材料进行标准检测；多部门监管法，各个部门从不同角度出发，保证项目验收时达到指标标准。

3.市政工程质量控制的主要内容

市政工程质量管理的一个重要环节就是做好项目的质量控制。质量控制是为了保证工程质量目的完整实现的必要管理手段。质量控制的具体内容包括以下方面：首先是做好工程参与人员的质量控制，这是质量控制的核心环节，因为工程具体实施需要高素质的参与人员来完成；其次是严格控制施工材料的质量控制，施工材料不符合相应的项目规定，极大增加"豆腐渣"项目工程出现的概率；最后保证施工设备的质量控制，保证员工的人身安全，保证施工方法的合理性，因为市政工程的主体是政府，很难做到持续性监管，需要验证方法后才能进行施工。

## （二）给排水市政工程中质量问题的对策

1.快速组建团队进行问题整改

项目主管团队发现问题后，迅速组建应急队伍，停止施工的同时快速确定问题产生的原因，并针对性地提出补救与整改措施。解决问题后，该应急队伍重组成特别应急管理项目组，以便于工程中再出现质量问题，保证各类紧急情况出现后能够及时有效地应对。施工问题发生后，针对施工过程缺乏合理监控、施工人员粗心大意等存在的问题，项目方实行更加严格的监督人员责任制，分段划分责任人员，并且对施工人员进行思想教育，项目验收采用互检的方式，进一步加强验收标准。

2.分阶段开展对市政给排水工程的质量管理

施工前，保障市政给排水工作质量控制的合理实施。具体如下：保证施工人员了解工程细节，施工前需要联合业主方（政府）、监理方、设计方与施工方进行会审，保障工程的各项设计细节被全面地了解与熟悉；进行给排水管材的材料选取以及质量检测，质量控制的重点环节之一就是做好给排水工程材料的选取与质量检测，避免后续工程由于管材质量问题而难以开展下去；做好施工前期保障工作，根据质量控制的原则做好各种准备工作，比如，要提前做好封闭方案，因为管道设计经常会涉及道路发生交会的部分施工阶段，要严格实行质量控制措施。具体如下：控制管道部分的施工细节，比如，在砌井施工环节中，不仅要检测砂浆饱满状态，还需要确保井壁尺寸是否符合标准等；控制闭水试验检测的施工细节，排水工程中最重要的检测就是排水功能是否合乎要求，一般监测排水管道工程质量的方法是采用闭水试验；控制管沟回填施工的施工细节，比如，回填之后，施工人员得进行数值检测，保证路面密实度的价差不低于原路面数值的95%。

验收阶段，对于市政给排水工程而言，因为市政工程有着公益性与长期投资性、民众的生活密切相关的特点，需要进行严格的检验验收，在每个环节都要贯彻严格检查的思想，以保证给排水工程的质量合乎标准。

3.加强施工团队的组织管理

在市政工程中，做好对人的管理工作是质量控制的核心环节。国家强调精细化经营需要取代以往的粗放式经营模式，因此要不断地提高行业标准以及明确规范，要严格施工团队的资格认定以及准入标准，不断地加强监管力度，进一步提升施工团队的质量与管理意识，保证落实市政工程项目的质量管理。

# 第四章　市政给水排水工程施工技术与创新

## 第一节　市政给水排水工程施工技术

### 一、市政排水管渠工程概述

#### （一）市政排水管渠的分类、组成及总体要求

市政排水管渠是市政排水管道及市政排水沟渠的统称。市政排水管渠是城市的重要基础设施之一，与城市的河道、湖及其他水利管渠系统一起，构成城镇的排水管网系统。由于它具有不同于水利管渠的特殊要求，因此划分为独立的市政排水系统。

1.市政排水管渠的分类及总体要求

按管渠排水性质的不同，市政排水管渠可分为雨水管渠、污水管渠和雨污合流管渠三种类型。雨水管渠主要用来排泄地面雨水，容许未经污染的工业冷却水进入管渠内；雨水管渠下游可通过排水出口设施，通入城市排洪系统及天然河、湖水系中。污水管渠是指排泄一切使用过的生活污水和允许排入城市污水管网系统工业废水。污水管渠下游为防止污染天然水系和城市环境，按我国有关环保的法规、法令，应排入污水处理厂、站，经处理后再排入天然河湖水系。按所用的材料不同，市政排水管渠可分为钢筋混凝土管渠、砖石圬土沟渠、土石渠等。排水管渠按其施工方法，可分为明挖管渠和顶管两类。

2.市政排水管渠的构造及组成

（1）排水管道

排水管道是由承担排水功能的主体结构——预制混凝土、钢筋混凝土或预应力混凝土管材和现浇混凝土基础构成的组合结构。当采用顶管法施工时，由于特别预制的加强钢筋混凝土管材，是用千斤顶从预先挖好的工作坑内顶入原状地层的，因此靠加强钢筋混凝管材和它下面的土基构成了管道。

排水渠道，在市区、城镇中心区，均采用埋入地下的砖、石、混凝土、钢筋混凝土的闭口渠道结构。一般是现浇混凝土或钢筋混凝土底板或基础的上面，砌筑砖、石沟墙，然后安装预制的钢筋混凝土盖板来构成；或整体现浇钢筋混凝土箱形结构；或在钢筋混凝土底板上预制安装拱形或门形构件，组成沟渠结构。

（2）附属构筑物

排水管渠的附属构筑物包括各种检查井、进水口、出水口等。

（二）市政排水管渠工程特点

①排水工程除各类检查井、雨水口表面或渠箱盖板外，均属隐蔽工程，施工单位容易认为其施工技术要求不如道路、桥梁工程要求高，而重视程度不够，往往因施工管理力量较弱、管理措施不够严细而引起质量缺陷。②排水管线与原有地下管线均布置在路床内。排水管线施工中，经常遇到与原有或新铺设的地下管线正交或斜交的情况，故施工过程中，首先必须制定严密的、可靠的且可行地保护各种地下管线的措施，并予以认真贯彻落实。③排水管线与新铺设的其他管线，尤其是供水管线往往同期施工。施工单位之间的协调配合工作尤为突出。④排水工程质量检验评定时，实测实量项目选取的检测点数并不多。尤其像"管内底高程"这一类带"△"符号的检测项目，每个井段只取两点检测。所以，施工中必须严格控制，如果其中某一点的管底标高偏差超过允许值，对整个排水工程的质量等级将造成极大的影响。

## 二、水池、泵站工程

### （一）水池

水池按结构形式可分为现浇钢筋混凝土水池、装配式混凝土水池、装配式预应力混凝土水池和砖石砌体水池。

1.现浇钢筋混凝土水池

（1）模板支架施工要点

池壁与顶板连续施工时，池壁内模立柱不得作为顶板模板立柱。顶板支架的斜杆或水平拉杆不得与池壁模板的杆件相连。

池壁模板可先装一侧，绑扎完钢筋后，分层安装另一侧模板；或一次安装到顶，但分层预留操作窗口。

池壁最下一层模板应在适当位置预留清扫杂物的窗口，浇筑混凝土前，将池壁模板内侧清洗干净，检验合格后再封闭此窗口。

模板必须平整，拼缝应严密不漏浆。固定模板的螺栓不宜穿过池壁混凝土结构，以免沿穿孔缝隙渗水。模板应便于拆卸。拆模时宜先拆内模。

必须采用对拉螺栓固定模板时，应加焊止水环，止水环直径一般为8~12 cm。

（2）使用补偿收缩混凝土

浇筑前，检查模板支架的坚固性和稳定性，并将模板与混凝土接触的表面进行湿润和保潮。模板应接缝严密不漏浆，模板内应清洁无杂物。

严格控制混凝土配合比，并根据施工现场情况的变化，及时调整施工配合比。

收缩混凝土坍落度损失较大。如现场气温超过30℃，或混凝土运输、停放时间超过30~40 min，应在拌和前加大混凝土坍落度或用外加剂"后加法"处理，但决不允许混凝土拌和后再次单独加水重新搅拌。浇筑温度不宜大于35℃，亦不宜低于5℃。

补偿收缩混凝土无泌水现象，便于输送。应注意早期养护，并采取挡风、遮阳、喷雾等措施，以防产生塑形伸缩裂缝。常温下，浇筑后8~12小时即可覆盖浇水，并保持湿润养护至少14天。

因客观因素导致不能连续浇筑时，应按规定留置施工缝。

（3）混凝土浇筑及养护

混凝土的自落高度不得超过1.5 m，否则应使用串筒、溜槽等机具浇筑。

应连续浇筑，分层浇筑每层厚度不宜超过30~40 cm。相邻两层浇筑时间不得超过2.5小时（掺缓凝性外加剂的间歇时间由配合比试验确定）。超过规定的间歇时间，应留置施工缝。

混凝土底板和顶板不得留施工缝。当设计有变形缝时，宜按变形缝分仓浇筑。

浇筑倒锥体底板或拱顶混凝土时，应由低向高，分层浇圈，连续浇筑。

不宜用电热法和蒸汽养护。采用池内加热养护时，池内温度不得连续低于5℃和高于15℃，并同时洒水养护，保持湿润。池壁外侧应覆盖保温。必须采用蒸汽养护时，宜用低压饱和蒸汽均匀加热，最高气温不宜大于30℃，升温速度不宜大于10℃/h，降温速度不宜大于5℃/h。

冬季施工注意防止结冰，特别是预留孔洞处及容易受冻部位应加强保温措施。

2.装配式混凝土水池

（1）底板施工

放线：垫层混凝土强度达到1.2 MPa后，核对圆形水池中心位置，弹出十字线，核对集水坑、排污管、槽杯口的内外弧线，控制杯口位置，吊绑杯口内侧弧线及加筋区域弧线。方形水池在池底垫层弹出池底板与L形壁板接头位置线。

圆形水池钢筋绑扎：按加筋区域单线布筋，先放弧形筋，再布放射状筋，最后放弧线筋，绑扎成整体。池底板上、下层钢筋用钢筋马凳控制间距及保护层厚度。

模板安装：重点解决吊模的支设，吊模上、下部位可用钢筋马凳支撑，其平面位置宜在池底预埋角钢做支撑固定。杯槽、杯口模板安装前必须再次复测安装位置及标高，且必须安装牢固。

浇筑混凝土：由中心向四周扩张浇筑混凝土，必须连续作业。中间间歇时间不得超过2小时。池壁杯槽、杯口部分，可交替两个茬口式，分两个作业面相背连续操作，一次完成不留施工缝。杯槽杯口的内壁应与底板混凝土同时浇筑。杯槽杯口的外壁宜后浇。

（2）构件安装

准备工作：环槽杯口及每块壁板两侧凿毛、清理干净。吊装设备及构件检查。环槽及构件弹线。

吊装顺序及安装注意事项：①池内。柱子吊装校正后浇筑杯口混凝土，吊装曲梁焊接连接件后吊装扇形板。②池壁。壁板吊装校正固定后浇筑杯槽杯口混凝

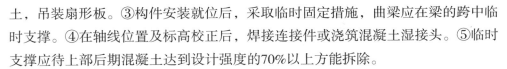

土，吊装扇形板。③构件安装就位后，采取临时固定措施，曲梁应在梁的跨中临时支撑。④在轴线位置及标高校正后，焊接连接件或浇筑混凝土湿接头。⑤临时支撑应待上部后期混凝土达到设计强度的70%以上方能拆除。

（3）接缝

池壁环槽杯口用细石混凝土浇筑，先浇筑外杯口后浇筑内杯口，保持湿润状态养护7天以上。

壁板接缝：①壁板接缝内模宜一次安装到顶，外模应分段随浇筑混凝土随支模。分段支模高度不宜超过1.5 m。②接缝混凝土强度等级应比壁板提高一级，宜用微膨胀混凝土，水灰比应小于0.5。③混凝土分层浇筑厚度不宜超过25 cm，机械振捣并用人工捣固配合。④接缝混凝土浇筑应根据气温和混凝土温度选在壁板缝稍有胀宽时进行。

3.装配式预应力混凝土水池

（1）预应力绕丝法

绕丝方向：自上而下进行，第一圈距池顶的距离按设计规定或绕丝机械设备能力而定，且不宜大于50 cm。

卡具：开始正卡具为越来越紧式，末端用同种卡具但方向相反。绕丝机前进时，末端卡具松开，钢丝绕池一周后开始张拉打紧。

张拉力：一般张拉应力为高强钢丝抗拉强度的65%，张拉力误差控制在±1 kN范围内，且保持绕丝机压力不小于20 kN。超强拉力在23～24 kN时，要不断调整弹簧。

应力测定点从上到下宜在同一条竖直线上，便于进行压力分析。施力张拉时，每绕一圈钢丝应测定一次钢丝拉力。

钢丝接头采用前接头法。池壁两端不能用绕丝机缠绕的部位，应在顶端和底端附近加密或改用电热法张拉已缠绕的钢丝，不得受尖硬物或重物撞击。

（2）电热张拉法

张拉顺序：宜由池壁顶端，逐圈向下或先下后上再中间，即张拉池下部1～2环，再张拉池顶1环，然后从两端向中间对称进行张拉，最大环张力的预应力钢筋安排在最后张拉，以尽量减少部分预应力损失。每一环预应力钢筋应对称张拉，并不得间断。

与锚固肋相交处的钢筋应有良好的绝缘处理（可用酚醛纸板），端杆螺栓接

电源处应除锈并保持接触紧密，通电后，应检查机具、设备的绝缘情况。

通电前钢筋应测定初应力，张拉端应刻画伸长标记。

张拉过程中及断电后5分钟内，应用木槌连续敲打各段钢筋，使之产生弹跳，以利钢筋舒展伸长，调整应力。

电热过程中必须测量1~2次导线电压、电流、预应力钢筋温度及通电时间。电热温度不应超过350℃。

锚固必须随钢筋的伸长同时进行，直至伸长值达到设计要求停电。伸长值的允许偏差为+10%，-5%。

张拉结束后，钢筋经12小时左右冷却至常温，将螺帽与垫板焊牢。为防止温度偏高影响锚具质量，用分割施焊法。锚固必须牢固可靠。

（3）径向张拉法

预应力钢筋按设计位置安装，尽量挤紧连接套筒，沿四周每隔一定距离，用简单张拉法将钢筋拉离池壁至计算距离值的一半左右，填上垫板。用测力张拉器逐点调整张拉力至设计要求，再用可调撑垫顶住。为使各点离池壁的间隙基本一致，张拉时宜用多个张拉器同时张拉。

逐环张拉点数由水池直径、张拉器能力和池壁局部应力等因素确定，点距一般不大于1.5 m。预制壁板以一板一点为宜。

张拉时，径张系数取控制应力的10%，即粗钢筋不大于120 MPa，高强钢丝束不大于150 MPa，以提高预应力效果。

张拉点应避开对焊接头，其距离不小于10倍的钢筋直径，不进行超张拉。

（4）预应力钢筋喷水泥砂浆保护层

喷浆应在水池满水试验合格后满水条件下尽快进行，以免钢丝暴露在大气中发生锈蚀。

喷浆前，必须对受喷面进行除污、去油、清洗处理。

喷浆机罐内压力宜为0.5 MPa，供水压力应相适应。输料管长度不宜小于10 m，管径不宜小于25 mm。

沿池壁四周方向自池身上端开始喷浆。喷口至受喷面距离应以回弹物较少、喷层密实为准。每次喷浆厚15~20mm，共喷三遍，总保护层厚不小于40 mm。喷枪应与喷射面保持垂直。有障碍物时，其入射角不宜小于15°，出浆量应稳定连续。

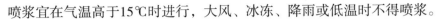

喷浆宜在气温高于15℃时进行，大风、冰冻、降雨或低温时不得喷浆。

4.砖石砌体水池

按砖石砌体施工技术要求施工。池壁应分层卧砌，上下错缝，丁顺搭砌。池壁上不得留脚手洞，所有预埋件、预留孔均应在砌筑时一次做好。穿墙管道应有防渗措施。池壁与钢筋混凝土底板结合处，应加强转角抹灰厚度，使之呈圆角，防止渗漏。

（1）砖砌水池（含预制混凝土砌块）

池壁与底板结合处底板表面应拉毛，同时铺砌一层湿润的砖，嵌入深度2～3 cm。

各层砖应上下错缝，内外搭砌，砂浆缝均匀饱满且一致。砂浆缝厚度为8～12mm，宜为10mm。圆形砌体，里口砂浆缝不得小于5 mm。

砂浆应满铺满挤，挤出的砂浆随时刮平，严禁用水冲浆灌缝，严禁用敲击砌体的方法纠偏。

（2）料石砌体水池

池壁砌筑应分层卧砌，上下错缝，丁顺搭砌。水平缝用坐浆法、竖向缝用灌浆法砌筑。水平砂浆缝厚宜为10mm。竖直砂浆缝宽度：细料石、半细料石不宜大于10 mm，粗料石不宜大于20 mm。

纠正料石砌筑位置偏差时，应将料石抬起，刮除砂浆后再砌，防止碰动邻近已砌的料石。不得用撬移和敲击方法纠偏。

（二）泵房

1.泵房土建施工及闸门井

（1）泵房常规施工

泵房的地下部分和水下部分均应按防水处理施工，其内壁、隔墙及底板不得渗水。穿墙管采用预制防水套管在施工中预埋就位，但不宜立即安装管线，应待泵房沉降稳定后安装，或在套管内安装管线时在管道上侧与套管间预留较大的沉降空隙，待沉降稳定后再做防水填塞。

泵房地面严格按设计做出坡度以利排水。防止出现向电缆沟、管沟流水及地面积水。

水泵和电机基础与底板混凝土不同时浇筑，其接触面按施工缝处理且在底板上预埋插筋。

水泵和电机分装两个楼层时，各层楼板标高偏差允许值为±10 mm，安装电机和水泵的预留孔中心位置应在同一竖直线上，其相对偏差不得超过5 mm。水泵与电动机基础施工的允许偏差应符合有关规定。

水泵及电动机安装后，进行基座二次灌浆及地脚螺栓预留孔灌浆时，应符合下列条件：①埋入混凝土部分的地脚螺栓应将油污清除干净。②地脚螺栓的弯钩底端不得接触孔底，外缘离孔壁的距离不应小于15 mm。③浇筑厚度不小于40mm时，宜采用细石混凝土浇筑；浇筑厚度小于40 mm时，宜用水泥砂浆灌注。强度等级均应比基础混凝土设计强度提高一级。④混凝土或砂浆达到设计强度的75%后，方可对称拧紧螺栓。

（2）大型轴流泵进、出口变径流道施工

大型轴流泵现浇钢筋混凝土进、出口变径流道在泵房土建同时施工。支模和预制变径流道胎膜时，除预留抹灰量外尚应富余一定的预留量，以保证变径流道断面不小于设计规定。其内壁抹灰应从上到下进行，保证抹灰密实连续且表面光滑。

（3）混凝土螺旋泵槽

螺旋泵槽采用螺旋泵转动成型法。当螺旋泵基础及槽壁混凝土浇筑后，养护达到设计强度的75%以上时进行螺旋泵安装。

校正螺旋泵安装的位置、角度，使其均达到设计要求后，进行螺旋泵空运行，一切正常后进行螺旋泵槽的成型施工。

拆下螺旋泵连轴叶片，清理干净基础表面后，沿螺旋泵槽位置均匀摊铺细石混凝土，其厚度应能达到接触螺旋泵的叶片。

重新装上螺旋泵叶片，通电使其转动，叶片将细石混凝土刮成泵槽形。经检查泵槽细石混凝土摊铺均匀，没有遗漏且成型良好，则取下螺旋泵叶片，对槽面进行人工压实抹光。

压实抹光后应使槽面与螺旋泵叶片外缘的空隙一致，且不小于5 mm。

2.泵房沉井施工

（1）砂垫层铺设及刃脚模板支架

当地基承载力不足时，沉井刃脚下应铺垫木，垫木下铺砂垫层。当地基承载力较大，沉井重量较小时，可直接铺垫木或采用土胎膜、砖模而不设砂垫层。

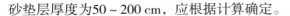

砂垫层厚度为50～200 cm，应根据计算确定。

砂垫层应为级配较好的中、粗砂，在周边刃脚的基槽内分层洒水夯实。

垫木支架适用于较大的沉井、较软弱的地基。垫木顶面应为同一水平面，其高差在10mm之内。垫木应垂直于井壁或对准圆心。砖座支架和土模施工适用于基础土质好、重量较轻的沉井。砖座支架沿周长分为6～8段，中间均留20mm间隙，以便拆模。砖模和土模做刃脚模板其表面用1：3的水泥抹面找平。

（2）井壁支模及脚手架

当泵房井壁高度大于12 m时，宜分段制作，在底段井筒下沉后继续加高井壁。泵房壁模板的内外模均采用竖向分节支设，用对拉螺栓固定。有防渗要求的壁面，对拉螺栓应设止水板或止水环。

第二段及其以上各段模板不得支撑在地面上，以免因模板自重增加产生新的沉降而使新浇混凝土发生裂缝。

脚手架不允许与沉井连接在一起。脚手架在转角处以及内外脚手架在最高处必须连接成整体。

（3）井壁浇筑混凝土

将沉井分为若干段，同时对称均匀分层浇筑，每层厚30 cm。混凝土应一次连续浇筑完成，第一节混凝土强度达到设计强度的70%后方可浇筑第二节混凝土。

井壁有防渗要求时，上下节井壁接缝应设置水平凸缝，或加止水带，凿毛冲洗后按施工缝处理。

前一节下沉应为后一节混凝土浇筑工作预留0.5～1.0m的高度，以便于操作。

（4）沉井封底

排水封底：沉井下沉至设计标高，不再继续下沉，排干沉井内存水并清除浮泥。井底修整成锅底形。由刃脚向中心挖排水沟并回填卵石作成滤水暗沟。在中部设集水井（深1～2m），井间用盲沟相连并用滤管使井底水流汇集于集水井。用水泵排水使地下水位低于基底30 cm以下，先浇厚0.5～1.5 m的混凝土垫层，垫层混凝土达到设计强度的50%后绑扎钢筋，钢筋两端应伸入刃脚或凹槽里，再浇筑上层底板混凝土。混凝土应由四周向中央推进，每层厚30～50 cm，连续浇筑振捣密实。井内有隔墙时，应对称逐格浇筑。混凝土采用自然养护，养护期应继续抽水。底板混凝土强度达到设计强度的70%以上，且沉井满足抗浮要求，方可停止抽水，将集水井逐个封堵，补浇底板混凝土。

不排水封底：井内水位不低于井外水位。整理沉井基底，清理浮泥，超挖部分先用30 cm左右的块石压平井底再铺砂，然后按设计铺设砂垫层。用导管法浇筑水下混凝土。每根导管浇筑前应具备首批浇筑混凝土的必须数量，使开始浇筑时能一次将导管底封住。水下混凝土应连续浇筑，保证导管埋入混凝土深度不小于规定要求。从低处开始向周围扩散浇筑，井内由隔墙一对称分格浇筑。各导管间混凝土浇筑面的平均上升速度不应小于0.25 m/h；相邻导管间混凝土的上升速度宜接近，终浇时混凝土面应略高于设计标高。水下封底混凝土强度达到设计规定，且沉井能满足抗浮要求时，方可将井内的水抽除。

3.机械设备安装及电器设备安装

（1）机械设备安装

设备安装工程应按设计要求和施工图施工。如需修改变更，应事先进行变更设计。

设备安装工程中所安装的设备及用于重要部位的材料，必须有出厂合格证、产品说明书和理化试验报告。

现场拼装的非标设备，拼装时还应缩小土建工程的误差，以满足工艺流程需要。

设备安装应编写施工组织设计。施工组织设计的施工技术方案包括：主要设备的安装程序、技术工艺方案、质量要求及保证措施，安全技术措施，大型和复杂的设备安装还应编制起重机施工方案。

设备安装工程中的灌浆、钢结构制造和装配、焊接、隔热、防腐、配管、附属电器装置及其配线以及砌筑工程或混凝土工程，应按国家及地方现行的相应标准、规范执行。

对于设备安装工程，必须及时做好检验、记录和隐蔽工程的验收、签证，做好工序之间的交接验收，并加强工序质量控制。

设备安装工程全部完毕后，应进行试车（试运转）并及时组织竣工初检和终检。

（2）电器设备安装

电器设备安装除按上述"机械设备安装"所列的各项要求执行外，还必须特

别注意以下事项：

必须按现行的地方、部门或国家标准，对原材料和设备进行试验。各种原材料、设备必须具有出厂合格证和质量证明材料。

安装使用的新材料、新技术，应经过试验和鉴定。

运行电压在500V以上的高压电器设备安装完毕、高压电缆终端头（或中间接头）制作完成后，连同高压电缆进行电器试验，试验合格方可投入运行。

各种机械设备和电器设备安装的技术要求及注意事项，请参阅有关标准及专业技术书籍，并必须遵守国家及地方、行业有关部门对安全技术、劳动保护、环境保护和消防等的有关规定。

## 三、给水管道及泵站工程

### （一）工程特点及一般要求

给水管道及泵站工程包括土方工程和管道设备安装工程。

土方工程是给水输配工程项目的第一道工序，对其后各工序有决定性影响，应根据地质情况、地下水位、地下其他管线设施情况等，选择沟槽形式和开挖方法，沟槽有直槽、梯形槽、联合沟槽等形式。开挖一般采用机械、风镐和人工清理结合等方式。成槽后对槽底进行处理形成管基，主要承载管道、回填土方的重量，以及地面上方其他荷载。回填时采用人工回填并分层夯实，以达到要求的密实度，防止路面塌陷。

土方施工前，施工单位必须参加建设单位组织的现场交桩。临时水准点、管道轴线控制桩、高程桩，应经复核后方可使用，并应定期校核。施工单位应会同建设等有关单位，核对管道路由、相关地下管线以及构筑物的资料，必要时局部开挖核实。施工前，建设单位应对施工区域内已有地上、地下障碍物，与有关单位协商处理完毕。在施工中，给水管道穿越其他市政设施时，应对市政设施采取保护措施，必要时应征得产权单位的同意。在地下水位较高的地区或雨期施工时，应采取降低水位或排水措施，及时清理沟内积水。

要做好施工现场的安全防护，在沿车行道、人行道施工时，必须在管沟沿线设置安全护栏，并设置明显的警示标志。在施工路段沿线，设置夜间警示灯。在繁华路段和城市主要道路施工时，宜采用封闭式施工方式。在交通不可中断的道路上施工，应有保证车辆、行人安全通行的措施，并应设有负责安全的人员。

管道设备是组成工程主体的主要部分，其质量对整体工程具有决定性的作用，因此需要在装卸、运输和存放中注意保护，防止损坏影响使用功能和使用年限，要严格按规范和设计要求进行核对、外观检查、质量保证资料的检查，必要时进行取样检测，合格后方可用于工程。

## （二）质量通病分析与预防

1.开槽埋管

（1）放坡沟槽

地形空旷、地下水位较低、土质较好、周围地下管线较少的条件下，可采用放坡或沟槽断面，俗称大开挖施工。

①塌方、滑坡

开挖沟槽地处地下水位较高（离地表面0.5～1.0 m）、表层以下为淤泥质黏土或夹砂的亚黏土时，其含水量高，压缩性大，抗剪能力低，并具有明显的流变特性。

现象：明挖沟槽产生基底隆起、流砂、管涌、边坡滑移和坍陷等现象。严重的出现沟槽失稳现象。

原因分析：a.边坡稳定性计算不妥，边坡稳定性未按照土质性质，包括允许承载力、内摩擦角、孔隙水压力、渗透系数等进行计算。b.边坡放量不足，坡面趋陡，施工时未按计算规定放坡。c.沟槽土方量大，又未及时外运而放置在沟槽边，坡顶负重超载。d.土体地下水位高，渗透量大，坡壁出现渗漏。e.降水量大，沟槽开挖后，沟底排水不当，边坡受冲刷，沟槽浸水。沟槽开挖处遇有暗浜或流砂。

预防措施：a.应确保边坡稳定，放坡的坡度应根据土壤钻探地质报告，针对不同的土质、地下水位和开挖深度，做出不同的边坡设计。b.检查实际操作是否按照设计坡度，自上而下逐步开挖，无论挖成斜坡或台阶形都需按设计坡度修正。c.为防止雨水冲刷坡面，应在坡顶外侧开挖截水沟，或采取坡面保护措施。d.在地下水位高，渗透量大以及流砂地区，需采取人工降水措施。一般用井点降水。e.采用机械挖土时，应按设计断面留一层土采用人工修平，以防超挖。在开挖过程中，若出现地面裂缝，应立即采取有效措施，防止裂缝发展，确保安全。

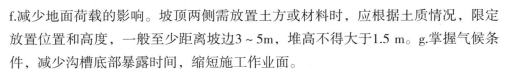

f.减少地面荷载的影响。坡顶两侧需放置土方或材料时，应根据土质情况，限定放置位置和高度，一般至少距离坡边3~5m，堆高不得大于1.5 m。g.掌握气候条件，减少沟槽底部暴露时间，缩短施工作业面。

治理方法：a.对已滑坡或塌方的土体，可放宽坡面，将坡度改缓后，挖除塌落部分。b.如坡脚部分塌方，可采取临时支护措施，挖除余土后，堆灌土草包或设挡板支撑。c.坡顶有堆物时，应立即卸载。d.加强沟槽明排水，采用导流沟和水泵将沟槽水引出。

②槽底隆起或管涌

现象：沟槽在开挖卸载过程中，槽底隆起；出现流砂或管涌现象。

原因分析：a.粉砂土或轻质亚黏土层在地下水位高的情况下，因施工挖土和抽水，造成地下水流动和随之而来的流砂现象。b.沟槽开挖深度较大，沟槽边堆载过多；采用钢板桩支护时插入深度不足；基坑内外土体受力不平衡。

预防措施：a.施工前，对地下水位、底层情况、滞水层及承压层的水头情况做详细的调查，并制定相应的防范技术措施。b.采用井点法人工降低地下水位，使软弱土得到固结，形成抵御管涌和隆起的强度。c.减少地面超载或交通动载的影响。d.经过计算的钢板桩插入深度和结构刚度，应超过槽外土体滑裂面的深度和侧向压力，并达到切断渗流层的作用。e.开挖过程中支护作业都要严格按施工技术规范进行。f.掌握气候条件，减少沟槽底部暴露时间，尽量缩短施工作业面。g.采取措施防止因邻近管道的渗漏而引起的支护坍塌。

治理方法：a.当发生管涌时应停止继续挖土，尽快回填土或砂，待落实降低地下水位、沟槽下部土体的加固等技术措施后再进行挖土。必要时可以加水压低，但应解决抽水带来的不利影响。b.一旦发生隆起，必然产生滑坡、支护破坏，甚至已铺设管道不同程度的损坏。因此，必须确定补救方案，原则上进行卸载、整理和恢复支护、重建降水系统，并对槽底加固处理，而后继续挖土；对受损结构，视程度另行处理。

（2）支护沟槽

在土质较差的地区，挖土深度超过1.2m时，就应开始支撑。开挖深度在3 m以内的沟槽，可采用横列板支护；如土质较差，开挖深度大于3 m的沟槽，宜采用钢板桩支护；如土质较差、含水量高，粉砂地区以及邻近有建筑物、地下管线或河道旁等特殊地区开挖沟槽时，还需采取树根桩支护、地层注浆或高压旋喷

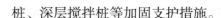

桩、深层搅拌桩等加固支护措施。

现象：因支护失稳出现土体塌落、支撑破坏，两侧地面开裂、沉陷。

原因分析：①支撑不及时，支撑位置不妥造成支撑受力不均，以及支护入土深度不足，导致支护结构失稳破坏。②未采取降水措施或井点降水措施失效，引起流砂或管涌，致使支护结构失稳破坏。③支撑结构刚度不够，槽壁侧向压力过大。

预防措施：①根据沟槽土层的特性，确定钢板桩、支护竖板的插入深度和支护结构的刚度。深度应超过槽外土体滑裂造成的测向压力面，并达到切断渗流层的作用。②在建筑物或河道等地区开挖沟槽，除加深钢板桩入土深度外，还需在沟槽外侧采取加固支护措施。③选用合适的支护设备保证支护结构的刚度。④横列板应水平放置，板缝严密，板头齐整，深度直到沟槽碎石基础面，制成完毕后，操作人员应经常核对沟槽中心线和现有净宽。⑤开挖过程中支护的作业都要严格按施工技术规程进行。

治理方法：①沟槽支撑轻度变形引起沟槽壁厚土体沉陷≤50 mm，地表尚未裂缝和明显塌陷范围时，一般用加高头道支撑，并继续绞紧各道支撑即可。②沟槽支撑中等变形引起沟槽壁后土体沉陷50～100 mm，地表出现裂缝，地面沉陷明显时，应加密支撑，并检查横列板或钢板桩之间裂缝有无渗泥现象，发生渗泥现象可用草包填塞堵漏。③沟槽支撑严重变形，沟槽两侧地面沉降＞100 mm，地表裂缝＞30 mm，地面沉陷范围扩大，导致支护结构内倾，支撑断裂，造成塌方时，应立即采取沟槽回灌水，防止事态扩大。沟槽倾覆必须进行回填土，拔除变形板桩，然后重新施打钢板桩，采取井点降水或修复井点系统后再按开挖支撑程序施工。④沟槽支撑破坏已造成建筑物深陷开裂或地下管线破坏等情况时，应及时对沟槽进行回灌水和回填土，随后在沟槽外侧2～5 m处采用树根桩或深层搅拌桩、地层注浆等加固措施，形成隔水帷幕，再按上述第③点返工修复沟槽。

2.管道铺设

（1）管道基础处理不当

现象：沟槽土基超挖、扰动。

原因分析：高程控制有误或机械开挖控制不当，超挖。

预防措施：①干槽超挖15 cm以内，可用原土回填压实，压实度不低于原天然地基。②干槽超挖大于15cm且小于100 cm可用石灰土分层压实，其相对密度不应低于95%。③槽底有地下水或地基含水量大，扰动深度小于80 cm时，可满槽挤入大块石，块石间用级配砂砾填严，块石挤入深度不应小于扰动深度的80%。④槽底无地下水的松软地基，局部回填的坑、穴、井或挖掉的局部坚硬地基（老房基、桥基等）可先将其挖除，然后用天然级配砂石、白灰土或可压实的粘砂、砂粘类土分层压实回填，压实度不应小于95%，处理深度不宜大于100 cm。⑤沟槽开挖局部遇有粉砂、细砂、亚砂及薄层砂质黏土，由于排水不利，发生地基扰动，深度在80~200 cm时，可采用群桩处理。群桩可由砂桩、木桩、钢筋混凝土桩构成，桩长应比扰动深度长80~100 cm。当地基扰动深度大于200 cm时，可采用长桩处理，桩可用木桩、混凝土灌注桩或钢筋混凝土预制桩等构成承台基础处理。

（2）沿曲线安装时

现象：接口转角超标。

原因分析：安装控制不当。

预防措施：安装时承插口间留有纵向间隙供管道安装时温度变化产生变形的调节量。刚性接口的管材承口内径及插口端外径都有公差，排管时应注意组合，尽量使环向间隙均匀一致。当内填料采用橡胶圈时，橡胶圈的最低压缩率为34%，最高压缩率为50%，前者是保证橡胶圈止水效果的最低条件，后者是保证人工打入橡胶圈的施工上限值，组装时可根据上述压缩率范围调节环向间隙。

刚性接口的允许转角是以发生转角后，接口的环向间隙尚能保证最薄（7mm）的打口工具进入间隙内正常操作的原则确定的。

## 四、市政排水工程造价控制与管理

在众多的市政工程中，给水排水工程的作用十分重要，可以解决国家、企业及国民用水供给与废水排放问题，与人们的生活息息相关。在给水排水工程中，造价控制是确保工程经济与社会效益的重要方法，是提升工程综合效益的一种重要措施。对工程造价进行科学、合理的管控，有利于工程建设的优化，更有利于降低施工成本。

### （一）决策阶段

工程招标是造价控制的初始时期，造价控制的实质性环节是工程实施阶段，造价投入比例最高的环节就是施工环节，所以长时间以来，每一个单位都非常重视施工环节的造价控制与管理，忽略其他环节的造价管理。从实际情况出发，工程质量与工程造价的关键影响因素与工程决策有很大的关系。工程决策是否合理科学，所制定的方案是否经济可行成为后续工作是否能够顺利展开的基础。市政给水排水工程决策环节的造价控制管理，要重视做好下面几个方面的工作：第一，总体对建设环境进行评估，选择建设地点路面路线时要尽量保持平坦而且土石工程量小，从而节约施工时间和减少步骤，有效节约施工成本。第二，衡量建设条件，选择地质条件好、水文条件优的施工线路，减少地基处理的工程量，降低施工造价成本。第三，合理处理土石方，针对施工当中产生的土石方，处理时要按照提高土石方利用率的原则，通过用开挖的土石方展开清理。因此，市政给水排水决策环节的造价控制与管理非常关键。

（二）加强市政给水排水工程施工图设计阶段的预算控制

施工图设计阶段的预算处于整个工程造价的关键阶段，对后续的造价控制起着至关重要的作用。实际编制过程中，将施工图预算和施工预算进行有效的对比分析，根据发现的问题找出差距并采取必要的措施，是施工图设计阶段的预算不突破设计概算的有力保证，所以说客观准确的施工图预算是投资控制的依据。与此同时，施工图预算还是有关仲裁、管理、司法机关按照法律程序处理、解决问题的依据。在这一阶段首先要求编制人员认真理解设计意图，根据设计文件和图纸仔细排查施工材料，准确计算工程量，避免重复和漏计，针对结构复杂的新工艺等，需要与设计人员研究讨论后由后者计算工程量，并将其作为编制概预算的依据。

此外，编制工作负责人组织研讨并合理修正预算编制内容，同时对预算编制质量进行检查，特别要考虑到对临时施工和辅助施工所带来的工程量增加，保证施工图设计阶段预算编制的准确性。

（三）市政给水排水工程项目招标投标阶段造价控制

选择一个优秀的投标企业，就需要遵照高质低价的原则。一定要在有限的预算范围当中，选择出市场当中具备较高声誉的单位，此投标单位具有非常良好的形象，报价也不高。在招标投标的过程中，科学合理地控制好工程造价，针对投标企业的综合实力以及专业的素质展开科学的评估，促使投标工作透明度不断增长，坚持公平、公正、公开的原则，选择具备高素质、预算低的投标企业，保证招标单位以及投标单位两者之间的利益平衡。在展开招标工作之前，要先对评标的工作人员展开培训，从而进一步地提高工作人员的能力，确定合理的规则，良好地吸引投标企业进入，将施工内容的清单下发给投标方，尽量在最短的时间里选择出最好的投标方，进而可以让投标方能够在最短的时间里投入到之后的施工工作当中去。

（四）工程施工要点

对于施工阶段的造价控制和管理，管理人员要认真核实施工单位所填写的签证，检查现场资料是否完整，加强施工现场的监管。另外，设计变更是市政给水排水工程建设中常见的现象之一，也是经济纠纷产生和引发质量问题的主要原因。在施工阶段，加强工程造价管理和控制，降低设计变更所带来的经济损失，就应当加大对工程变更的管理，将其尽可能地提前，或者在权衡变更前后的利弊后再决定是否变更工程设计。

（五）验收阶段

市政给水排水工程项目当中，完善验收环节的造价控制与管理具体包含下面几个方面的内容：第一，认真将施工资料的整理工作做到位。总结、归纳好市政给水排水工程实施环节的技术资料、资金账目等内容，尤为关注施工变更资料的准确完善。第二，严谨仔细地把市政给水排水工程项目当中多项费用的结算工作做到位。与工程项目中的各项施工资料紧紧联系起来，并且更加合理地把人工费、施工材料费以及施工机械设备的费用投入到工程项目中去。第三，一定要仔细地将市政给水排水工程项目的索赔工作做到位。面对工程项目当中产生的索赔项目与金额，详细认真地核对检查，一定要严格根据合同的内容以及签订的协议来支付所需要赔付的金额。

综上所述，市政给水排水工程是一项利国利民的公益性事业，其能否顺利建设会对居民的正常工作与生活产生十分重要的影响。市政给水排水工程建设的过程中会涉及非常多的内容，属于较为系统的一个工程，要全面对市政给水排水工程进行管理。作为造价工作人员，就需要利用多种有效的手段来完善工程造价，最大程度上提高投资的效益，这样一来，为更多的公民带来更大的福利。

# 第二节 市政给排水工程施工创新

## 一、市政给排水施工中HDPE管施工工艺

### （一）HDPE管概述

HDPE管，学名是高密度聚乙烯，"High Density Polyethylene"是它的英文名称。HDPE管是一种新型的化学合成管材，它的外壁结构是波纹环状的，内壁触感平滑，常常应用于给排水工程和建筑工程的施工。HDPE管是一种非极性、结晶度高的热塑性树脂。HDPE管的电性能较好，尤其是绝缘介电强度高，常常应用于电线电缆中。原态HDPE的外表为乳白色，在微薄截面中为半透明状的表现。根据管壁结构的特点，HDPE管的规格分为两种，分别是缠绕型增强管和双壁型波纹管。

HDPE管的使用改变了过去以钢铁管材、聚氯乙烯作为饮水管的现状，HDPE管需要承受适当的压力，一般会选择分子量且机械性能强的PE树脂为材料，如HDPE树脂。LDPE树脂的特点是拉伸强度差、耐压性能弱、刚性力度不够、成型加工时尺寸的稳定性不足、连接起来麻烦，不适合制作给水压力管的材料。为了满足卫生指标要求，LLDPE树脂材料被应用为生产饮用水管的常用材料。LDPE、LLDPE树脂的熔融黏度差，而其流动性也较强，加工起来比较容易，因而对其熔体指数选择的范围大，一般情况下MI在0.3g/10min～3g/10min的范围内。

### （二）HDPE管特性

#### 1.物理性质

通常在薄膜状态下聚乙烯的颜色是透明的，当聚乙烯呈现为块状时，由于聚乙烯内部具有大量晶体成分，因而会产生强烈的散射使聚乙烯看起来是不透明

的。受到其枝链的个数的影响，枝链越多，聚乙烯结晶的程度就越低，同时也影响聚乙烯的晶体融化的温度，在90℃～130℃之间，枝链越多聚乙烯的融化温度越低。聚乙烯单晶一般能够借助将高密度聚乙烯放置在超过130℃的环境中溶解于二甲苯中进行制备。

2.化学性质

聚乙烯出现在氧化环境中时会被氧化。聚乙烯的化学性质是抵抗多种酸碱腐蚀，抵抗多种有机溶剂。

3.管材特性

HDPE管道的优势是多方面的，包括使用成本低、接口稳定、材料抗冲击效果好，且HDPE管道还具有耐老化、抗开裂和耐腐蚀的功效。总结HDPE管道的优点主要呈现在下面几个方面：

（1）抗应力开裂性能强

HDPE管道具有剪切强度高、抗刮性能好、低缺口敏感性和抗耐环境应力开裂性能。

（2）连接更加可靠

聚乙烯管道系统主要的连接方式是电热熔，接头的强度比管道本体强度高。

（3）低温抗冲击性好

聚乙烯的低温脆化温度低，能够在–60℃～60℃之间使用，冬季施工不易出现管子脆裂的现象。

（4）耐化学腐蚀

HDPE管道所使用的材料是聚乙烯，属于绝缘体材料，所以不会出现生锈、腐烂以及电化学腐蚀的情况，可以耐受多种化学物质的腐蚀，同时也不会导致细菌藻类以及真菌的繁殖。

（5）耐磨性强

HDPE管道的耐磨性比钢管的耐磨性高，是钢管的4倍。在泥浆运输的过程中，HDPE管道耐磨性强，使用寿命长，因而经济性就越高。

（6）耐老化效果好

HDPE管道中的聚乙烯材料均匀分布了2%～2.5%的炭黑，它可以在露天环境下使用超过50年，并且耐紫外线辐射的效果较好。

（7）施工方式多样化

HDPE管道的施工技术具有多种，除了传统的施工开挖方式，还具备有定向钻孔衬管、裂管、顶管等新的施工方式，可以应对不同的施工现场环境，施工方式更为多样化。

（8）水流阻力小

HDPE管道的内表面较为光滑，非粘附性使HDPE管道具备了更高的输送能力，也使得管路的输水能耗和压力损失不断的降低。

（9）质量轻搬运快捷

HDPE管道的材料更为轻盈，搬运起来更加方便快捷，它对人力和设备的需求较低，因此工程安装的费用也更为实惠。

（10）管道柔性好，节省施工成本

HDPE管道本身具备柔性，因而在施工过程中可以适当地弯曲以避开障碍物，这样有利于在施工中降低施工的难度，节省施工的费用。

## （三）HDPE管在市政给排水施工中的施工工艺

### 1.HDPE管道的施工方法

在HDPE管道施工之前，要熟悉施工设计图纸和施工方案，研究二者之间最佳的配合措施。由于材料存放的地方和施工现场之间的温差差异大，所以在材料进行现场安装之前会将材料先在施工现场放置一段时间，当管材料的温度与施工现场温度大致相同相互适应后就可以开始施工。

当暗敷管道并穿墙壁、嵌墙、楼板时，需要预留孔洞，还应该土建工程配合施工。如果尺寸规定不具体，那么要加大孔洞的预留尺寸。如果预留的孔洞穿过冷水道，需要将热水管道与土建配合实施套管的预埋施工。暗敷管道时应确保孔洞与套管内径的范围在40～50mm以内。在砌墙开槽安装时，要使墙体砂浆的强度超过其本身的75%，完成上述步骤以后就能够开始凿墙开槽。首先使用小型轻质的空心砌块当作墙体材料，在实施开槽钻孔时选用专业的工具，这样墙体砌松动开裂的现象会缓解许多。如果在室内安装的明敷设管道，铺设安装应在墙面粉刷完成以后。这里安装前应与土建施工做好配合，预埋套管或预留孔洞，安装以后再打凿，确保架空管顶部的空间净空率在100mm以上，管道系统横管的坡度范围在2%～5%之间，并增加泄水系统装置。塑料管越过楼板后要开始铺设套管，

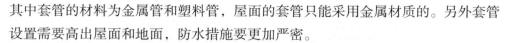

其中套管的材料为金属管和塑料管，屋面的套管只能采用金属材质的。另外套管设置需要高出屋面和地面，防水措施要更加严密。

2.HDPE管道接口方式和管道铺设过程的施工

HDPE管连接的方式主要包括对焊连接、带密封圈承插式套管连接、电焊管箍连接件连接等多种连接方式，主要依据施工的实际状况和每种连接的特点来选择最适合的连接方式。HDPE管的连接不可以选择溶解性黏合剂，所以熔焊连接是管道施工最佳的连接方式。

电热熔连接包括两种施工机具，分别为电热熔焊接和热熔接焊机。熔焊连接的优点是能够促进管材与管体的一体化程度，控制施工的质量并增加施工的可靠性。在管道接口施工时要注意水流大小的方向，管道的插口应顺着水流方向接入，承接的接口的安装需要根据逆水流的状况。一般下游的管道先安装，然后再安装上游的管道。

人工搬运管节是常见的管节运输方式，在搬运的过程中要注意轻拿轻放，不能在地面上拖拉管节，以免破坏管节的结构。下管的方式为人工下管或起重机下管，前者人工下管要求采用金属绳索系住管道两端，然后将管道慢慢地下到沟槽内部或采用人工传递的方法，由地面的人员将管道传递给沟槽底部的人员；机械下管是采用非金属绳系住管道慢慢放到沟槽内。

沟槽回填的施工要采用人工回填的方式，并且要将基础管底到管顶控制在0.7m以内，回填的方式只能是人工回填，不能采用机械以免破坏管道的结构。回填的程序首先要从管底与基础的结合处开始，然后沿着管道两侧开始进行分层的人工回填，并将沟槽底部填平夯实，其中管道顶部回填应采用粗砂，每一层回填的高度范围应控制在为0.15～0.20m范围内，而管顶以上的部位需要控制在0.5m范围内，填充的材料可以选择素土或者砂土来回填。在管道顶部0.7m以上的位置可以采用机械填土的方法从管线两侧填充并夯实，在这个高度就可以采取机械填充的方法，并且每一层回填的高度范围应控制在0.15～0.20m，管顶以上0.5m范围之内，填充的材料可以是适合含水量的素土或砂土。

3.HDPE管沟槽的挖掘施工工艺

在市政给排水施工中，沟槽开挖是基础的施工步骤，并为管材铺设创造条件。挖土开槽需要严格控制基底的高程，禁止出现超挖的现象。在沟槽开挖过程中，常常会遇到碎石、块石、滑的砖块等坚硬的物体，应将这些障碍物产出到标高0.2m以下，并在面层上铺上砂土和天然级配的砂石来将地面整平和夯实。人工清理基底需要将标高控制在0.2～0.3m范围内，原状土设计标高的范围，如果出现局部超挖或扰动的现象，就要调换粗砂、中砂或10～15mm的天然级别配砂石料将沟槽底部夯实处理。

市政给排水工程排水管道的施工工艺影响给排水的效果，HDPE管自身的优势在当今的市政排水工程中更加适合，是能够增加市政工程排水施工效率的新型材料。加强HDPE管施工工艺的研究，探索适合的管道应用措施，有利于推动市政给排水工程施工效率的提高，并且能够降低经济支出，以最低的成本实现较高的市政给排水施工质量，使市政工程给排水管道敷设更加便捷、高效。

## 二、顶管技术在市政给排水施工中的应用

城市发展推动人类所居住环境不断改善优化，随着经济全球化进程加速，在城市立体空间布局需要发生重大调整时，在调整城市布局中，如何减轻建筑物破坏及降低交通运输压力影响，成为城市建设过程中的难题。顶管技术在城市布局调整进程中，可以在解决各种施工过程中的疑难杂症，保证施工质量的同时不破坏城市现有生态环境。顶管施工技术作为一项新兴城市地下给排水管道施工方法，已在中国沿海经济发达地区广泛应用。它能穿越公路、建筑、河流、桥梁等地面障碍物，应用非开挖技术铺设给排水、通信电缆、天然气石油管道等，具有显著经济效益和社会效益。

### （一）顶管技术的概述

顶管工艺借助于施力单元——主顶油缸施力及管道间的推力等施工。在此期间不断进行纠偏工作，把工具管从工作井内穿过一直推到接收井内吊起，以此连接管道设施等，以实现非开挖铺设地下管道的施工方法。顶管技术诞生于19世纪90年代，由美国某公司完成。一个多世纪过后，顶管技术发展已经越来越多样化，顶管直径可选择范围扩展到75～500mm，土地适用性范围越来越多，新兴技术也在不断发展。

## （二）市政顶管工程的设计

### 1.工程地质勘查

近年来，针对特殊城市区域施工工程建设日趋增多，利用顶管工程施工可以规避许多传统施工方法带来的隐患，因此，工程勘察对于顶管技术则显得尤为重要。只有根据施工地区具体情况进行科学勘查，才能使工程设计更加顺利与高效。市政施工工程中地质勘查包括地下水勘查、土层勘查、孔隙勘查等几方面。布设这些勘探点的主要目的是根据施工设计需要及国家法律法规要求，针对地形地貌、管道涉及地层分布以及勘探点设置进行详细分析。如果工程施工区域内存在流沙或坑洞，甚至是液化的地层结构时，则增加复杂地形区域的勘探点密度，从而对其结构的范围与深度进行勘查，以保证工程设计的准确性、施工现场人员的安全与施工结果的稳定性。

对于利用顶管这种先进设计工程的政府施工项目来说，做好充分的资料收集和管理工作非常重要。若是收集资料混乱、资料数据质量差，可信度及准确度低，可能会对项目设计及日后施工带来毁灭性打击。因此，对于资料收集和管理及工程地质勘查工作一定要做到基于实际数据，对于搜集到的数据计算模型更要详细科学评估、设计及使用。

### 2.顶管管位设计

在考虑城市经济、社会、文化飞速发展的同时，不可将环境作为城市建设的牺牲品。要将人与社会，人与自然协调稳定发展作为城市发展主要议题。市政给排水作业建设不能够以破坏现有城市生态环境为前提。顶管技术改善了施工难度，其大致设计思路顺序为：①工作井实施方案设计；②顶进设备设计；③吊装、连接设备等辅助项目设计。

工作井实施方案设计：在实际工作中，考虑到工作井造价比较昂贵，应合理优化安排工作井位置，顶管施工时最好往两个方向顶进。利用前期搜集的数据，经过现场勘查后，优化线路设计，避免顶管分布在不利于施工土层位置，并尽量设计顶管线路避开建筑物及树木。在为每个工作井设计检查井时，要注意顶管线路与障碍物（如建筑物及树木等）的距离，设计线路时应将检查井设置位置的可实施性及便捷程度作为考察的主要因素，尽量避免产生矛盾。检查井的间距可参考现行国家标准以及设计规范。

顶进设备设计：管道顶进作业施工方法有手工掘进顶管法、机械掘进顶管法和水力掘进顶管法。无论哪一种施工作业方法，顶进力计算方式都是相似的，目前，有很多方法计算模型，使用时要考虑参考项目的类似程度与统计分析的准确性。传统计算方法中，鼎力大小只单方面考虑土质与注水问题，但实际上鼎力的大小和很多因素有关。传统设计方法依赖设计人员的经验来确定顶进方向、选择计算模型计算顶进力等，工作量大、周期长，通过手绘图、制作比例模型等方法来设计，之后还要进行反复的修改、模拟等环节。因此，当前设计的一大重要特征就是可以在计算机辅助软件中建立三维模型。三维模型可以进行迅速而精确的修改，也可以迅速而精确地传递施工信息，很大程度上提高了设计质量。例如，计算机辅助设计可以提高设计人员的工作效率，利用计算机等图形设备进行辅助工作，是一个具有丰富绘图及辅助功能的可视化的绘图软件，可以实现多种二维以及三维的命令以及操作，如实现图形的绘制、尺寸的标注、对象的捕捉等，为用户带来很大的方便。

辅具项目设计：设计时，如果出现顶管管身过长，一次顶进作业有困难，则可分成N节采用中继间法顶进。若采用中继间法顶进，在顶进过程中，可能会出现两节管道由于轨迹不易重合，两节管道接触面之间形成断差，继而形成两节管道之间的扭转与错位等形状偏差。因此，想要保证两节顶管连接顶进时的稳定性与可靠性，在两节管道连接处设置中继间，并在中继间处设置抵抗纵向剪切力的剪力楔或钢塔楔。

### （三）市政顶管工程的施工

市政给排水作业施工，为全面系统地落实设计初衷以及保质保量完成施工任务，在施工过程中，应全面建立可行的质量保证体系。要整合一系列相关质量要素，保证施工完成后的质量，如横向整合人力及实物资源、人员职责落实、完善的产品设计、物资采购与使用、测量与监控、持续改进改善等，最终实现顶管工程实施的目标初衷。

影响现场施工工程质量的环境因素较多，有工程技术环境，如工程地质、水质、天气等；项目实施的管理环境，如质量管理文件通常涉及三个层次：质量保证文件、流程相关程序文件、作业指导类文件等；人员能力，如人员培训、能力认证、人员作业时间安排等。从理论上分析，产品质量取决于施工过程的稳定性，而施工过程的稳定性取决于施工项目的质量体系是否完善，最终目的是评定施工团队是否具有实施稳定工程的能力。因此，在施工过程中，要进行不断的产品审核与过程审计，保证施工质量。

顶管施工作业由于其设计特性，地上施工面减少至工作井，需挖掘底面面积少，造成的人员财力损失少，因此，随着城市建筑群不断密集，交通压力不断加重，而被广泛应用于现代城市建设。顶管施工作业可由地下穿越河流、树木、公路、建筑物等，不破坏正常使用中的管线和建筑物，不会对路面造成伤害。同时，也因其地下施工作业，噪声低，能够减少对外界环境的污染，也减少外界环境的限制。由于事先使用计算机模拟辅助设计，可减少施工中的返工成本，降低损失。同时，实现了80%以上机械开动率，减少人工投入也因此降低人员管理成本，提高准确性。现代设计发展迅速，市政给排水施工要求也逐渐趋近于高精准的水平。对于设计问题的深入研究，将会对未来实现工作中设计的优化夯实基础，提高生产水平、生产效率。

# 第五章　城市给排水工程规划

## 第一节　城市给水工程规划概述

### 一、给水工程的任务及给水工程的组成

给水工程也称供水工程，从组成和所处位置上讲可分为室外给水工程和建筑给水工程，前者主要包括水源、水质处理和城市供水管道等，故亦称城市给水工程；后者主要是建筑内的给水系统，包括室内给水管道、供水设备及构筑物等，俗称为上水系统。

城市给水工程的任务可以概括为三个方面：一是根据不同的水源设计建造取水设施，并保障源源不断地取得满足一定质量的原水；二是根据原水水量和水质设计建造给水处理系统，并按照用户对水质的要求进行净化处理；三是按照城镇用水布局通过管道将净化后的水输送到用水区，并向用户配水，供应各类建筑所需的生活、生产和消防等用水。

不同规模的城镇和不同水源种类，实现给水工程任务的侧重点有所不同，但给水工程的基本组成一般由取水工程、净水工程和输配水工程等构成。

#### （一）取水工程

取水工程主要设施包括取水构筑物和一级泵站，其作用是从选定的水源（包括地表水和地下水）抽取原水，加压后送入水处理构筑物。目前，随着城镇化进程的加快以及水资源紧张情势的出现，城市饮用水取水工程内容除了取水构

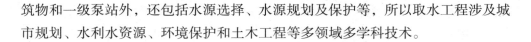

筑物和一级泵站外，还包括水源选择、水源规划及保护等，所以取水工程涉及城市规划、水利水资源、环境保护和土木工程等多领域多学科技术。

### （二）给水处理

给水处理设施包括水处理构筑物和清水池。水处理构筑物的作用是根据原水水质和用户对水质的要求，将原水适当加以处理，以满足用户对水质的要求。

### （三）输配水工程

输配水工程包括二级泵站、输水管道、配水管网、储存和调节水池（或水塔）等。二级泵站的作用是将清水池贮存水按照城镇供水所需水量，并提升到要求的高度，以便进行输送和配水。输水管道包括将原水送至水厂的原水输水管和将净化后的水送到配水管网的清水输水管。许多山区城镇供水系统的原水取水来自城镇上游水源，为减少工程费和运营费用，原水输水常采用重力输水管渠。配水管网是指将清水输水管送来的水送到各个用水区的全部管道。水塔和高地水池等调节构筑物设在输配水管网中，用以储存和调节二级泵站输水量与用户用水量之间的差值。

随着科学技术不断进步，以及现代控制理论及计算机技术等迅速发展，有力促进了大型复杂系统的控制和管理水平，也使城市给水系统利用计算机系统进行科学调度管理成为可能。所以采用水池、水塔等调节设施不再是城镇给水系统的主要调控手段，近年来，我国许多大型城市都构建了满足水质、水量、水压等多种要求的自来水优化调度系统，既提高了供水系统的安全性和供水公共产品的质量，同时也节约了能耗，获得了满意的经济效益和社会效益。

## 二、城市给水工程规划的任务

水资源是十分重要的自然资源，是城市可持续发展的制约因素；在水的自然循环和社会循环中，水质水量因受多种因素的影响常常发生变化。为了促进城市发展，提高人民生活水平，保障人民生命财产安全，需要建设合理的城市供水系统。给水工程规划的基本任务，是按照城市总体规划目标，通过分析本地区水资源条件、用水要求以及给排水专业科技发展水平，根据城市规划原理和给水工程原理，编制出经济合理、安全可靠的城市供水方案。这个方案应能反映经济合理地开发、利用、保护水资源，达到最低的基建投资和最少的运营管理费用，满足各用户用水要求，避免重复建设。具体说来，一般包括以下几方面的内容：

（1）搜集并分析本地区地理、地质、气象、水文和水资源等条件。

（2）根据城市总体规划要求，估算城市总用水量和给水系统中各单项工程设计流量。

（3）根据城市的特点确定给水系统的组成。

（4）合理地选择水源，并确定城市取水位置和取水方式。

（5）制定城市水源保护及开发对策。

（6）选择水厂位置，并考虑水质处理工艺。

（7）布置城市输水管道及给水管网，估算管径及泵站提升能力。

（8）比较给水系统方案，论证各方案的优缺点和估算工程造价与年经营费，选定规划方案。

### 三、城市给水工程规划的一般原则

根据城市总体规划，考虑到城市发展、人口变化、工业布局、交通运输、供电等因素，城市给水工程设施规划应遵循以下原则：

#### （一）城市给水工程规划应保证社会、经济、环境效益的统一

（1）编制城市供水水源开发利用规划，应优先保证城市生活用水，统筹兼顾，综合利用，讲究效益，发挥水资源的多种功能。

（2）开发水资源必须进行综合科学考察和调查研究。

（3）给水工程的建设必须建立在水源可靠的基础上，尽量利用就近水源。根据当地具体情况，因地制宜地确定净水工艺和水厂平面布置，尽量不占或少占农田、少拆民房。

（4）城市供水工程规划应依靠科学进步，推广先进的处理工艺，提高供水水质，提高供水的安全可靠性，尽量降低能耗，降低药耗，减少水量漏失。

（5）采取有效措施保护水资源，严格控制污染，保护水资源的植被，防止水土流失，改善生态环境。

（二）城市给水工程规划应与城市总体规划相一致

（1）应根据城市总体规划所确定的城市性质、人口规模、居民生活水平、经济发展目标等，确定城市供水规模。

（2）根据国土规划、区域规划、江河流域规划、土地利用总体规划及城市用水要求、功能分区，确定水源数目及取水规模。

（3）根据总体规划中有关水利、航运、防洪排涝、污水排放等规划以及河流河床演变情况，选择取水位置及取水构筑物形式。

（4）根据城市道路规划确定输水管走向，同时协调供电、通信、排水管线之间关系。

（三）城市给水工程方案选择应考虑城市的特殊条件

（1）根据用户对水量、水压要求和城市功能分区，建筑分区以及城市地形条件等，通过技术经济比较，选择水厂位置，确定集中、分区供水方式，确定增压泵站、高位水池（水塔）位置。

（2）根据水源水质和用户类型，确定自来水厂的预处理、常规处理及深度处理方案。

（3）给水工程的自动化程度，应从科学管理水平和增加经济效益出发，根据需要和可能，妥善确定。

（四）给水工程应统一规划、分期实施，合理超前建设

（1）根据城市总体规划方案，城市给水工程规划一般按照近期5～10年、远期20年编制，按近期规划实施，或按总体规划分期实施。

（2）城市给水工程规划应保证城市供水能力与生产建设的发展和人民生活的需要相适应，并且要合理超前建设。避免出现饮水量年年增加，自来水厂年年扩建的情况。

（3）城市给水工程近期规划时，应首先考虑设备挖潜改造、技术革新、更换设备、扩大供水能力、提高水质，然后再考虑新建工程。

（4）对于一时难以确定规划规模和年限的城镇及工业企业，城市给水工程设施规划时，应对于取水、处理构筑物、管网、泵房留有发展余地。

（5）城市给水工程规划的实施要考虑城市给水投资体制与价格体制等经济因素的影响，注意投资的经济效益分析。

### 四、城市给水工程规划的步骤和方法

城市给水工程的规划是城市总体规划的重要组成部分，因此规划的主体通常由城市规划部门担任，将规划设计任务委托给水专业设计单位进行，规划设计一般按下列步骤和方法进行。

#### （一）明确规划设计任务

进行给水工程规划时，首先要明确规划设计的目的与任务。其中包括：规划设计项目的性质，规划任务的内容、范围，相关部门对给水工程规划的指示、文件，以及与其他部门分工协议事项等。

#### （二）搜集必要的基础资料和现场踏勘

城市基础资料是规划的依据，基础资料的充实程度又决定着给水工程规划方案编制质量，因此，基础资料的搜集与现场踏勘是规划设计工作重要的一个环节，主要内容如下：

（1）城市和工业区规划和地形资料。资料应包括城市近远期规划、城市人口分布、工业布局、第三产业规模与分布，建筑类别和卫生设备完善程度及标准，区域总地形图资料等。

（2）现有给水系统概况资料。资料主要涵盖给水系统服务人数、总用水量和单项用水量、现有设备及构筑物规模和技术水平、供水成本以及药剂和能源的来源等。

（3）自然资料。包括气象、水文及水文地质，工程地质，自然水体状况等资料。

（4）城市和工业企业对水量、水质、水压要求资料等。

在规划设计时，为了搜集上述有关资料和了解实地情况，以便提出合理的方案，一般都必须进行现场踏勘。通过现场踏勘了解和核对实地地形，增加地区概念和感性认识，核对用水要求，掌握备选水源地现况，核实已有给水系统规模，了解备选厂址条件和管线布置条件等。

### （三）制订给水工程规划设计方案

在搜集资料和现场踏勘基础上，着手考虑给水工程规划设计方案。在给水工程规划设计时，首先确定给水工程规划大纲，包含制定规划标准、规划控制目标、主要标准参数、方案论证要求等。在具体规划设计时，通常要拟订几个可选方案，对各方案分别进行设计计算，绘制给水工程方案图。进行工程造价估算，对方案进行技术经济比较，从而选择出最佳方案。

### （四）绘制城市给水工程系统图

按照优化选择方案，绘制城市给水工程系统图，图中应包括给水水源和取水位置，水厂厂址、泵站位置，以及输水管（渠）和管网的布置等。规划总图比例采用1∶5000～1∶10000。

### （五）编制城市给水工程规划说明文本

规划说明文本是规划设计成果的重要内容，应包括规划项目的性质、城市概况、给水工程现况、规划建设规模、方案的组成及优缺点，方案优化方法及结果、工程造价，所需主要设备材料、节能减排评价与措施等。此外还应附有规划设计的基础资料、主管部门指导意见等。

## 五、给水工程规划内容简介

城市给水系统包括水源、取水工程、给水处理和输配水管网，工程规模决定了规划的主线，而决定工程规模的依据是用水量的计算。所以规划内容首先应根据规划原理预测城市用水量。

### （一）城市用水量预测与计算

用水量计算一般采用用水量标准，城市用水有生活用水、生产用水、市政用水、消防用水。用水标准不仅与用水类别有关，还与地区差异有关。

城市用水量预测是指采用一定的理论和方法，有条件地预计城市将来某一阶段的可能用水量。用水量预测一般以过去的资料为依据，以今后用水趋向、经济条件、人口变化、资源情况、政策导向等为条件。各种预测方法是对各种影响用水的条件作出合理的假定，从而通过一定的方法求出预期水量。城市用水量预测涉及未来发展的诸多因素，在规划期难以准确确定，所以预测结果常常不够准确，一般采用多种方法相互校核。由于不同规划阶段条件不同，所以城市总体规划和详细规划的预测与计算是不同的。本节先介绍城市总体规划阶段用水量的预测计算方法。

（二）城市水源规划

城市水源规划是城市给水工程规划的一项重要内容，它影响到给水工程系统的布置、城市的总体布局、城市重大工程项目选址、城市的可持续发展等战略问题。城市水源规划作为城市给水排水工程规划的重要组成部分，不仅要与城市总体规划相适应，还要与流域或区域水资源保护规划、水污染控制规划、城市节水规划等相配合。

水源规划中，需要研究城市水资源量、城市水资源开发利用规模和可能性、水源保护措施等。水源选择关键在于对所规划水资源的认识程度，应进行认真深入的调查、勘探，结合有关自然条件、水质监测、水资源规划、水污染控制规划、城市远近期规划等进行分析、研究。通常情况下，要根据水资源的性质、分布和供水特征，从供水水源的角度对地表水和地下水资源从技术、经济方面进行深入全面比较，力求经济、合理、安全可靠。水源选择必须在对各种水源进行全面分析研究、掌握其基本特征的基础上进行。

城市给水水源有广义和狭义的概念之分。狭义的水源一般指清洁淡水，即传统意义的地表水和地下水，是城市给水水源的主要选择；广义的水源除了上面提到的清洁淡水外，还包括海水和低质水（微咸水、再生污水和暴雨洪水）等。在水资源短缺日益严重的情况下，对海水和低质水的开发利用，是解决城市用水矛盾的发展方向。

（三）取水工程规划

取水工程是给水工程系统的重要组成部分，通常包括给水水源选择和取水构筑物的规划设计等。在城市给水工程规划中，要根据水源条件确定取水构筑物的基本位置、取水量、取水构筑物的形式等。取水构筑物位置的选择，关系到整个给水系统的组成、布局、投资、运行管理、安全可靠性及使用寿命等。

合理的取水构筑物形式，对提高取水量、改善水质、保障供水安全、降低工程造价及运营成本有直接影响。多年来根据不同的水源类型，工程界也总结出了各种取水构筑物形式可供规划设计选用，同时随着施工技术的进步、城市基础设施建设投资的加大、先进的工程控制管理技术的运用，为取水工程的设计提供了更广阔的创新条件。

### （四）城市给水处理设施规划

城市给水处理的目的就是通过合理的处理方法去除水中杂质，使之符合生活饮用和工业生产使用所要求的水质。不同的原水水质决定了选用的处理方法，目前主要的处理方法有常规处理（包括澄清、过滤和消毒）、特殊处理（包括除味、除铁、除锰和除氟、软化、淡化）、预处理和深度处理等。

### （五）城市给水管网规划

城市给水管网规划包含输水管渠规划、配水管网布置及管网水力计算，现代城市给水管网规划还应包括给水系统优化调度方案等。

## 第二节　城市用水量规划

### 一、城市用水量标准

#### （一）城市用水量分类

城市用水量由下列两部分组成：第一部分为规划期内由城市给水工程统一供给的居民生活用水、工业用水、公共设施用水及其他用水水量的总和；第二部分为城市给水工程统一供给以外的所有用水水量的总和，其中应包括：工业和公共设施自备水源供给的用水，河湖环境用水和航道用水，农业灌溉和养殖及畜牧业用水，农村居民和乡镇企业用水等。各类用水量的估计一般以用水量标准为依据。

1.城市给水工程统一供给的用水量

（1）居民生活用水。城镇居民日常生活所需用水量指的是居民日常生活所需用水，包括饮用、烹调、洗涤、冲厕、洗澡等。生活用水量的多少随着各地的气候、居住习惯、社会经济条件、房屋卫生设备条件、供水压力、水资源丰富程度等而有所不同。就我国来看，随着人民生活水平的提高和居住条件的改善，生活用水量将有所增长。生活饮用水的水质关系到人体生命健康，必须符合有关生活饮用水卫生标准。所以，规划时在节约用水的前提下，应结合现状，并适当考虑近远期发展，科学地确定用水定额。

（2）工业用水量。工业用水量指工业企业生产过程所需的用水量，包括工业企业的生产用水量和工业企业职工生活用水量及淋浴用水量。其中，生产用水主要指工业生产过程中的用水，如发电厂汽轮机、钢铁厂高炉等的冷却用水，锅炉蒸汽用水，纺织厂和造纸厂的洗涤用水等。

生产用水的水量、水质和水压的要求因具体生产工艺的不同而不同。由于工艺技术的改进和节水措施的推广，工业用水重复率有不断提高的趋势，使单位产值用水量下降；而随着工业规模的不断扩大，工业用水量呈逐年递增的趋势。在确定工业企业用水量时，应根据生产工艺的要求而定。大工业用水户或经济开发区宜单独进行用水量计算，一般工业企业的用水量可根据国民经济发展规划，结合现有工业企业用水资料分析确定。

（3）公共设施用水量。公共设施用水量包括宾馆、饭店、医院、科研机构、学校、机关、办公楼、商业、娱乐场所、公共浴室等用水量。

（4）市政用水量。市政用水主要指道路冲洗、绿化浇灌、车辆冲洗、市政厕所冲洗等用水，应根据路面、绿化、气候和土壤等条件确定。随着市政建设的发展、城市环境卫生标准的提高、绿化率的提高，市政用水量将进一步增大。

（5）管网漏损水量。管网漏损水量指城镇供水管网在运行过程中由于各种原因的破坏而造成的水量漏损。

（6）未预见用水量。未预见用水量是指在给水设计中对难以预见的因素（如规划的变化及流动人口用水等）而预留的水量。

（7）消防用水。消防用水指扑灭火灾时所需要的用水，消防用水只是在发生火警时由室内、室外消火栓给水系统、自动喷淋灭火系统供给。消防用水对水

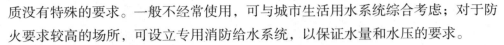

质没有特殊的要求。一般不经常使用，可与城市生活用水系统综合考虑；对于防火要求较高的场所，可设立专用消防给水系统，以保证水量和水压的要求。

2.城市给水工程统一供给以外的水量

包括工矿企业和大型公共设施的自备水，河湖为保护环境需要的各种用水，保证航运要求的用水，农业灌溉和水产养殖业、畜牧业用水，农村居民生活用水和乡镇企业的工业用水等水量。

（二）城市用水量标准

用水量标准是指设计年限内达到的用水水平，是确定给水工程和相应设施规模的主要依据之一。它涉及面很广，政策性也很强，而且标准的高低直接影响到工程投资、工程扩建的期限、今后水量的保证等方面，所以必须慎重考虑。规划时确定城市用水量标准，除了参照国家的有关规范外，还应结合当地的用水量统计资料和未来城市的经济发展趋势。

1.居民生活用水量标准

城市中每个居民日常生活所用的水量范围成为居民生活用水量标准，单位常用L/（人·d）。居民生活用水一般包括居民的饮用、烹饪、洗漱、沐浴、冲厕等用水。

2.工业用水量标准

（1）工业企业生产用水标准。城市工业用水量不仅与城市性质、产业结构、经济发展程度等因素密切相关，同时，工业用水量随着主体工业、生产规模、技术先进程度不同也存在很大差别。为此，城市工业用水量应根据城市的主体产业结构、现有工业用水量和其他类似城市的情况综合分析后确定。当地无资料又无类似城市时可参考同类型工业、企业的技术经济指标确定。

（2）工业企业职工生活用水标准。工业企业职工生活用水标准根据车间性质决定，淋浴用水标准根据车间卫生特征确定。

3.公共建筑用水量标准

公共建筑用水包括娱乐场所、宾馆、集体宿舍、浴室、商业、学校、办公等的用水。城市公共设施用水量应根据城市规模、经济发展状况和商贸繁荣程度以及公共设施的类别、规模等因素确定。

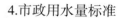

4.市政用水量标准

街道洒水、绿地浇水和汽车冲洗等市政用水，一般可按道路种类、绿化面积、气候和土壤条件、汽车类型、路面卫生而确定。

浇洒道路用水量标准一般为1.0～2.0L/（m²·次），洒水次数每日可按2～3次计，绿地浇水用水量标准可采用1.5～4.0L/（m²·d）。

5.管网漏损水量标准

城镇配水管网的漏损水量宜按上述1～3项水量之和的10%～12%计算，当单位管长供水量小或供水压力高时可适当增加。

6.消防用水量标准

根据火灾资料统计，火灾造成重大损失的原因80%以上是火场缺水造成的。因此，在发生火灾时，保证消防给水系统供给充足的水量是消防给水设计的主要任务。

城市居住区的室外消防用水量为同一时间内的火灾次数与一次灭火用水量的乘积。其用水量与城市规模、人口数量、建筑物耐火等级、火灾危险性类别、建筑体积等有关。

## 二、城市用水量的预测与计算

城市用水量预测的基本方法与计算是指采用一定的理论和方法，有条件地预计城市将来某一阶段的可能用水量。一般以过去的资料为依据，以今后用水趋势、经济条件、人口变化、水资源情况、政策导向等为条件。每种预测方法都是对各种用水条件作出的合理假定，从而通过一定的方法求出预期水量。城市用水量预测与计算涉及未来发展的诸多因素，在规划期内难以准确确定，所以预测结果常常与城市发展实际存在一定差距，一般采用多种方法相互校核。

城市用水量预测的时限一般与规划年限相一致，有近期（5年左右）和远期（15～20年）之分。在可能的情况下，应提出远景规划设想，对未来城市用水量作出预测，以便对城市发展规划、产业结构、水资源利用与开发、城市基础设施建设等提出要求。

### （一）城市总体规划中的用水量预测

在城市总体规划阶段，估算城市给水工程统一供水的给水干管管径或预测分区的用水量时，可按照下列几种方法确定。

1.人均综合指标法

人均综合指标是指城市每日的总供水量除以用水人口所得到的人均用水量。规划时，合理确定本市规划期内人均用水量标准是本法的关键。通常根据城市人均综合用水量的情况，参照同类城市人均用水指标确定。通常，城市中工业用水占有较大比例（50%以上），参照时要考虑城市的工业结构和规模及发展水平是否类似，不能盲目照搬。

确定了用水量指标后，再根据规划确定的人口数，就可以计算出用水总量，公式如下：

$$Q=Nqk \tag{5-1}$$

式中：$Q$——城市用水量；

$N$——规划期末人口数；

$q$——规划期限内的人均综合用水量标准；

$k$——规划期内用水量普及率。

2.单位用地指标法

总体规划时，难以精确确定城市中或区域内各类用地的用水情况，因此可确定城市单位建设用地的用水量指标后，根据规划的城市用地规模，推算出城市用水总量。

3.生长曲线法

前面介绍的方法以过去统计的若干资料为基础，进行经验分析，确定用水量标准。它们只以人口或面积作为变量，忽略了影响用水的其他相关因素，可靠性较差，但计算简单。生长曲线法是依据过去若干年的统计资料，通过建立一定的数学模型，找出影响用水量变化的因素与用水量之间的关系，来预测城市未来的用水量。

从大量的城市生活用水的统计资料来看，其增长过程一般符合生长曲线模型，可用龚珀兹公式来预测：

$$Q=Lexp（-be^{-kt}） \tag{5-2}$$

式中：$b$、$k$——待定系数；

$Q$——预测年限的用水量；

$L$——预测用水量的上限值；

$t$——预测时段。

为求出参数 $b$、$k$ ，对原式进行线性变换，得：

$$\ln（L/Q）=\ln b-kt \qquad\qquad（5-3）$$

对式（5-2）采用最小二乘法或线性规划法来确定模型中的参数 $b$、$k$，代入式（5-3）则可得预测模型。

确定城市生活用水量的上限值 $L$ 是该法的关键，可用下面的方法：一种是以城市水资源的限量为约束条件，按现有生活用水与工业用水的比值及城市经济结构发展等来确定两类用水间的比例，再考虑其他用水情况，对水源总量进行分配，得到城市综合生活用水的上限值；另一种是参考其他发达国家相类似工业结构的城市，判别城市生活用水量是否进入饱和阶段，从而以其作为类比，确定上限值 $L$ 。

在确定了上限值 $L$ 和有了一定城市生活用水数据后，就可以利用式（5-2）进行预测。

4.其他方法

除了上述方法以外，可用于城市总体规划的用水量预测方法还有总年递增率法、线性回归法、城市发展增量法等，每一种预测模型都有其自身适用的范围和条件；要根据城市用水特点加以选择。其根本思路都是按照历史用水量资料，对影响用水量大的因素进行分析，然后进行经验估算或建立模型预测，得出结果。在最充分地利用资料的条件下，选用最能显示其优点的预测力法。规划时，应采用多种方法进行预测，以便相互校核。

（二）城市详细规划中的用水量预测

在城市详细规划设计中，应确定全城或局部地区的最高日用水量及最高日最高时用水量，用于取水工程、管网系统以及水处理厂的规划设计。

1.城市用水量变化

上面谈到的用水量标准只是一个长期统计的平均值，实际上用水量是经常变化的。因此，在给水系统设计时，除了正确地选定用水量标准外，还必须了解供水对象（如城镇）的逐日、逐时用水量变化情况，以便合理地确定给水系统及各单项工程的设计流量，使给水系统能经济合理地适应供水对象在各种用水情况下对供水的要求。

　　城市用水量受人们作息时间的影响，总是不断变化的。生活用水量随着气候和生活习惯而变化。例如，夏季比冬季用水多，假日用水比平时高，在一日之内又以早饭、晚饭前后用水量最多。即使不同年份的相同季节，用水量也有较大差异。工业企业生产用水量的变化取决于工艺、设备能力、产品数量、工作制度等因素，如夏季的冷却用水量就明显高于冬季。某些季节性工业的用水量的变化就更大了。当然，也有些生产用水量则变化很小。总之，无论生活用水还是生产用水，其用水量都是经常变化的，只是有变化大小的差异而已。

　　为了反映用水量逐日、逐时的变化幅度大小，引入了两个重要的特征系数，即日变化系数和时变化系数。

　　（1）日变化系数常以$K_d$。表示，其意义可用下式表达：

$$K_d = \frac{Q_d}{\overline{Q}_d} \qquad (5-4)$$

　　式中：$Q_d$——最高日用水量，又称最大日用水量，$m^3/d$，是一年中用水最多一日的用水量，设计给水工程时，是指在设计期限内用水最多一日的用水量；

　　$\overline{Q}_d$——平均日用水量，$m^3/d$，是一年的总用水量除以全年给水天数所得的数值，设计给水工程时，是指设计期限内发生最高日用水量的那一年的平均日用水量。

　　（2）时变化系数常以$K_h$表示，其意义可按下式表达：

$$K_h = \frac{Q_h}{\overline{Q}_h} \qquad (5-5)$$

　　式中：$Q_h$——最高时用水量，又称最大时用水量，$m^3/h$，是指在最高日用水量日内用水最多1小时的用水量；

　　$\overline{Q}_h$——平均时用水量，$m^3/h$，是指最高日内平均每小时的用水量。

　　式（5-4）、（5-5）中，$Q_a$、$Q_h$及$\overline{Q}_d$、$\overline{Q}_h$分别代表了设计期内及最高日内用水量的峰值和均值大小。因此，$K_d$及$K_h$值实质上显示了一定时段内用水量变化幅度的大小，反映了用水量的不均匀程度。$K_d$及$K_h$值可根据多方面长时间的调查研究统计分析得出。

　　为使设计的给水系统能很好地适应供水对象用水量变化的需要，在进行二级泵站设计和确定调节构筑物的容积时，除了要求出最高时及最高日用水量外，还应知道最高日用水量那一天中24h的用水量逐时变化情况，即用水量变化规律。这一规律通常以用水量时变化曲线表示。

2.用水量的计算

（1）城市最高日用水量。

①居住区最高日生活用水量$Q_1$为：

$$Q_1 = \frac{N_1 q_1}{1000} \qquad (5-6)$$

式中：$Q_1$——居住区最高日生活用水量，$m^3/d$；

$N_1$——设计期限内规划人口数，人，当用水普及率不及100%时，应乘以供水普及率系数；

$q_1$——设计期限内采用的最高用水量标准，$L/（人·d）$。

②全市性公共建筑生活用水量$Q_2$为：

$$Q_2 = \sum \frac{N_{2i} q_{2i}}{1000} \qquad (5-7)$$

式中：$Q_2$——公共建筑生活用水量，$m^3/d$；

$N_{2i}$——某类公共建筑生活用水量单位数；

$q_{2i}$——某类公共建筑生活用水量标准。

③工业企业职工生活用水量$Q_3$为：

$$Q_3 = \sum \frac{N_{3i} q_{3i}}{1000} \qquad (5-8)$$

式中：$Q_3$——工业企业职工生活用水量，$m^3/d$；

$N_{3i}$——工业企业职工生活用水量标准，$L/（人·班）$；

$q_{3i}$——每班职工人数，人。

④工业企业职工每日淋浴用水量$Q_4$为：

$$Q_4 = \sum \frac{n N_{4i} q_{4i}}{1000} \qquad (5-9)$$

式中：$Q_4$——工业企业职工淋浴用水量，$m^3/d$；

$N_{4i}$——工业企业职工淋浴用水量标准，L/（人·班）；

$q_{4i}$——每班职工淋浴人数，人；

$n$——每日班制。

⑤工业企业生产用水量$Q_5$为：

工业企业生产用水量等于同时使用的各类工业企业或车间生产用水量之和。

⑥市政用水量$Q_6$为：

$$Q_6 = \frac{n_6 A_6 q_6}{1000} + \frac{A_6' + q_6'}{1000} \tag{5-10}$$

式中：$q_6$——街道洒水用水量标准，L/（m²·次）；

$q_6'$——绿地浇水用水量标准，L/（m²·d）；

$A_6$——洒水街道面积，m²；

$A_6'$——绿地面积，m²；

$n_6$——每日街道洒水次数，次。

⑦未预见用水量（包括管网漏失水量）$Q_7$的计算：

未预见用水量一般按最大日用水量的15%～25%计算，即：

$$Q_7 = （0.15～0.25）（Q_1+Q_2+Q_3+Q_4+Q_5+Q_6） \tag{5-11}$$

由上可知，最高日用水量为：

$$Q=Q_1+Q_2+Q_3+Q_4+Q_5+Q_6+Q_7 \tag{5-12}$$

式中：$Q$——最高日用水量，m³/d。

（2）城市最高日平均时用水量。从最高日用水量可得到最高日平均时用水量为：

$$Q_k = \frac{Q}{24} \tag{5-13}$$

式中：$Q_k$——最高日平均时用水量，m³/h。

取水构筑物的取水量和水厂的设计水量，应以最高日用水量再加上自身用水量计算（必要时还应校核消防补充水量）。水厂自身用水量的大小取决于给水处理方法、构筑物形式以及原水水质等因素，一般采用最高日用水量的5%～10%。故此，取水构筑物的设计取水量和水厂的设计水量为：

$$Q_p = (1.05 \sim 1.10)\frac{Q}{24} = (1.05 \sim 1.10)Q_k \qquad (5\text{--}14)$$

（3）最高日最高时用水量。同样，从最高日用水量可得到最高日最高时设计用水量为：

$$Q_{max} = K_h \frac{Q}{24} \qquad (5\text{--}15)$$

式中：$Q_{max}$——最高日最高时用水量，$m^3/h$；

$K_h$——时变化系数。

给水管网设计时，按最高时设计秒流量（单位为L/s）计算，即：

$$q_{max} = \frac{Q_{max}}{3600} \qquad (5\text{--}16)$$

设计给水系统时，常需编制城市逐时用水量计算表和时变化曲线，即将城市各种用水量在同一小时内相加求得逐时的合并用水量。应该注意的是，各种用水的最高时用水量并不是一定同时发生的，因此不能将其直接相加，而应从总用水量时变化表中求出合并后最高时用水量作为设计依据。

# 第三节　水源选择及取水构筑物

## 一、城市水源的种类与特点

### （一）城市水源的种类与特点

城市水源是指能为人们所开采，经过一定的处理或不经处理即能为人们所利用的自然水体。给水水源按自然水体的存在和运动形态不同，可分为地下水源和地表水源。地下水源包括上层滞水、潜水（无压地下水）、自流水（承压地下水）、裂隙水、熔岩水和泉水等。地表水源包括江河水、湖泊水、蓄水库水和海水等。

1.地下水源

地下水源是城市供水的重要来源，特别是在干旱地区，地表水缺乏，供水主要依靠地下水。地下水的来源主要是大气降水和地表水的入渗，渗入水量的多少与降雨量、降雨强度、降雨时间、地表径流和地层构造及其透水性有关。一般年降雨量的30%~80%渗入地下补给地下水，至于地下岩层的含水情况则与岩石的地质时代有关。地下水源主要包括以下几类：

（1）上层滞水。上层滞水是存在于包气带中局部隔水层之上的地下水。它的特征是分布范围有限，补给区与分布区一致，水量随季节变化，旱季甚至干枯。因此，只适宜作为少数居民或临时供水水源，并应注意其污染问题。例如我国西北黄土高原某些地区，埋藏的上层滞水成为该区宝贵的水源。

（2）潜水。潜水是埋藏在地表以下，稳定隔水层以上，具有自由表面的重力水。它多存在于第四纪沉积层的孔隙及裸露于地表基岩裂缝和空洞之中。潜水主要特征是有隔水底板而无隔水顶板，潜水是具有自由表面的无压水。它的分布区和补给区往往一致，水位及水量变化较大。我国浅水分布较广，储量丰富，常作为给水水源，但由于易被污染，须注意卫生防护。

（3）承压水。承压水是充满于两隔水层间有压的地下水，又称自流水。当钻孔凿穿地层时，承压水就会上升到含水层顶板以上，如有足够压力，则水能喷出地表，称为自流井。其主要特征是含水层上下部均有隔水层，承受压力，有明显的补给区、承压区和排泄区，补给区和排泄区往往相隔很远。承压水一般埋藏较深，不易被污染。

我国承压水分布广泛，如华北寒武、奥陶纪基岩中的自流盆地；广东雷州半岛、陕西关中平原、山西汾河平原、内蒙古河安平原以及新疆地区等很多山间盆地属自流盆地；北京附近、甘肃河西走廊祁连山等山前洪积平原属山前自流斜地，均含丰富承压水，是我国城市和工业的重要水源。

（4）裂隙水。裂隙水是埋藏在基岩裂隙中的地下水。大部分基岩出露在山区，因此裂隙水主要在山区出现。裂隙水是丘陵地区和山区供水的重要水源，是矿坑水的重要来源。

（5）岩溶水。通常出现在石灰岩、泥灰岩、白云岩、石膏等可溶岩石分布地区，由于水流作用形成溶洞、落水洞、地下暗河等岩溶现象，贮存和运动于岩

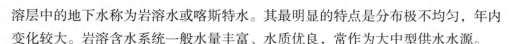

溶层中的地下水称为岩溶水或喀斯特水。其最明显的特点是分布极不均匀，年内变化较大。岩溶含水系统一般水量丰富、水质优良，常作为大中型供水水源。

（6）泉水。涌出地表的地下水露头称为泉。大气降水渗漏地下顺岩层倾斜方向流动，遇侵入岩体阻挡，承压水出露地表，形成泉水，有包气带泉、潜水泉和自流泉等。

地下水由于受形成、埋藏和补给等条件的影响，具有水质澄清、水温稳定、分布面广等优点。尤其是承压地下水，其上覆盖不透水层，可防止来自地表的渗透污染，具有较好的卫生条件。但是，地下水径流量小，蕴藏量有限，矿化度和硬度较高，部分地区可能出现矿化度很高或其他物质如铁、锰、氟、氯化物、硫酸盐、各种重金属或硫化氢的含量较高的情况。

采用地下水作为城市水源，一般具有以下优点：

①易于选择水源位置，便于靠近用户建立水源，从而降低给水系统（特别是输水管道）的投资，节省了输水运行费用，也提高了给水系统的安全可靠性。

②水质清澈，无须澄清处理，即便水质不符合要求，水处理工艺也比地表水简单，故处理构筑物投资和运行费用都较低。

③取水构筑物构造简单，便于施工和运行管理，便于分期修建，便于建立卫生防护区，易于采取防护措施。

但是，开发地下水源的勘查工作量大，当取水工程规模较大时，往往需要很长时间的水文地质勘查。此外，地下水的可开采量有限，一旦开采，在短期内不可再生。因此，当城镇用水量大，开采量超过可开采量时，就会造成地下水位下降，地面下沉，引发一系列的环境水利问题。

2.地表水源

地表水主要来自降雨产生的地表径流的补给，属开放性水体，易受污染，通常浑浊度高（汛期尤为突出），水温变幅大，有机物和细菌含量高，有时还有较高的色度，水质水量随季节变化明显，水体分布受地形条件限制。但是，地表水一般径流量大，矿化度和硬度以及铁、锰等物质含量低。地表水源包括江河水、湖泊水、蓄水库水和海水等。

（1）江河水。江河水的主要来源是降雨形成的地表径流，地表径流能冲刷并携带地面的污染物质进入水体，流速较大的江河水，冲刷两岸和河床，并将冲刷物卷入水中。所以，江河水一般浑浊度较大，细菌含量较高。江河水如果流经矿物成分含量高的岩石地区，水中还会含有矿物成分。江河水的主要补给源是降水，水质较软。由于长期暴露在空气中，水中溶解氧的含量较高，稀释和净化能力都较强。

江河水流量的变化对其水质的变化有较大影响。在洪水期，降水进入江河，带入了大量泥沙、有机物和细菌等杂质，使水质恶化、浑浊度升高、水中细菌含量也增多。因大量降雨的稀释作用，水的含盐量和硬度急剧下降。在枯水期，江河水主要由地下水补给，水量较少，流速变缓，浑浊度降低，含盐量却升高，硬度也较大。在寒冷地区，冬季江河表面封冻，水中细菌含量达到一年中的最低值。解冻时，冰面的污染物大量进入水中，积存融雪水流入，细菌含量又随之上升，浑浊度增高，含盐量则降低。除以上自然影响因素外，对水质污染影响最大的还是沿岸排入江河的生活污水和工业废水。它们不仅使水体的物理性状恶化，化学组分改变，并且能因含有毒物质和病原体而引起毒害或水传染疾病的危险。

（2）湖泊及蓄水库水。湖泊及蓄水库水在一般情况下的主要来源是江河水，但也有些湖泊和水库的水来源于泉水。由于湖泊和水库中的水基本处于静止状态，静置沉淀作用使得水产悬浮物大大减少，浑浊度下降。由于湖泊和蓄水库的自然条件利于藻类、水生植物、水生微生物和鱼虾类的生长，使得水中有机物质含量升高，使湖泊和蓄水库水多呈现绿色或黄绿色。

我国南方湖泊较多，可作为给水水源。其特点是水量充沛，水质较清，含悬浮物较少，但水中易繁殖藻类及浮游生物，底部积有淤泥，应注意水质对给水水源的影响。在一般中小河流上，由于流量季节性变化大，尤其在北方，枯水季节往往水量不足，甚至断流，此时，可根据水文、气象、水文地质及地形、地质等条件修建年调节性或多年调节性水库作为给水水源。

（3）海水。随着近代工业的迅速发展，世界上淡水水源日益不足。为满足大量工业用水需要，特别是冷却用水的需求量，世界上许多国家，包括我国在内，已经使用海水作为给水水源。

相对地下水源而言，地表水水源往往受地形条件的限制，不便选取，有时会出现输水管渠过长的情况，既增加了给水系统的投资和运行费用，又降低了给水系统的可靠性。取水构筑物的结构和水处理工艺复杂，投资大，不便于分期建设。水处理的费用也较高，而且不便于卫生防护。

但是，地表水水源的水量充沛，能满足大量的用水需要。因此，在河网较发达的地区，如我国的华东、中南、西南地区的城镇和工业企业区，常常利用地表水作为给水水源。另外，地表水（尤其是江河水）是可逐年再生的资源。因此，合理开发利用地表水资源，往往不易引发环境水利问题。

（二）给水水源保护

给水水源直接为城镇提供生活、生产之用水，选择城镇或工业企业给水水源时，通常都经过详细勘察和技术经济论证，保证水源在水量和水质方面都能满足用户的要求。然而，由于人类生产活动及各种自然因素的影响，例如，未经处理或处理不完全污水的大量排放，农药、化肥大量长期地使用，水土严重流失，对水体的长期超量开采等，常使水源出现水量降低和水质恶化的现象。水源一旦出现水量衰减和水质恶化现象后，就很难在短期内恢复。因此，给水水源的保护应成为整个地区乃至全国性的基本任务，需要科学规划，具体落实保护水源的一系列措施。

水源保护是环境保护的一部分，涉及范围甚广，它包括了整个水体并涉及人类生产活动的各个领域和各种自然因素的影响。

1.保护给水水源的一般措施

保护给水水源是一个全局性的工作，涉及各部门各领域，单就从技术方面可归纳为以下几方面的措施：

（1）给水工程规划应配合城市经济计划部门制定水资源开发利用专项规划，这是保护给水水源的重要措施。

（2）以政府部门牵头组织专门机构，加强水源管理措施。如实时开展对于地表水源的水文观测和预报。对于地下水源要进行区域地下水动态观测，尤应注意开采漏斗区的观测，以便对超量开采及时采取有效的措施，如开展人工补给地下水、限制开采量等。

（3）协调水利、农林行业，长期做好流域面积内的水土保持工作。因为水土流失不仅使农业遭受直接损失，而且还会加速河流淤积，减少地下径流，导致洪水流量增加和常水流量降低，不利于水量的常年利用。为此，要加强流域面积上的造林和林业管理，在河流上游和河源区要防止滥伐森林。

（4）合理规划城镇居住区和工业区，减轻对水源的污染。对于容易造成污染的工厂，如化工、石油加工、电镀、冶炼、造纸厂等应尽量布置在城镇及水源地的下游。

（5）加强水源水质监督管理，严格执行污水排放标准。

（6）在勘察设计水源时，应从防止污染角度，提出水源合理规划布局的意见，提出卫生防护条件与防护措施。

（7）对于滨海及其他水质较差的地区，要注意由于开采地下水引起的水质恶化问题，如咸水入侵，与水质不良含水层发生水力联系等问题。

（8）以政府支持，协会组织，进行水体污染调查研究，建立水体污染监测网。水体污染调查要查明污染来源、污染途径、有害物质成分、污染范围、污染程度、危害情况与发展趋势。地下水源要结合地下水动态观测网点进行水质变化观测。地表水源要在影响其水质范围内建立一定数量的监测网点。建立水体监测网点的目的是及时掌握水体污染状况和各种有害物质的分布动态，便于及时采取措施，防止对水源的污染。

2.给水水源卫生防护

对选定好的水源及取水场址，还应建立具体的卫生防护要求及防护措施。生活饮用水水源保护区由环保、卫生、公安、城建、水利、地矿等部门共同划定，报当地人民政府批准公布，供水单位应在防护地带设置固定的告示牌，落实相应的水源保护工作。给水水源卫生防护地带的范围和防护措施应符合下列要求。

（1）地表水水源卫生防护要求：

①取水口周围半径100m的水域内，严禁捕捞、水产养殖、停靠船只、游泳和从事其他可能污染水源的任何活动。

②取水口上游1000m至下游100m的水域不得排入工业废水和生活污水；其沿岸防护范围内不得堆放废渣，不得设立有毒、有害化学物品的仓库，不得设置堆栈或装卸垃圾、粪便和有毒物品的码头；不得使用工业废水或生活污水灌溉及施用有持久性毒性或剧毒的农药，并不得从事放牧等有可能污染该段水域水质的活动。

③受潮汐影响的河流，其生活饮用水取水点上游及其沿岸的水源保护区范围应相应扩大，其范围由供水单位及其主管部门会同卫生、环保、水利等部门研究确定。

④作为生活饮用水水源的水库和湖泊，应根据不同情况，将取水点周围部分

水域或整个水域及其沿岸划为防护范围，并按规定执行。

⑤对生活饮用水水源的输水明渠、暗渠，应重点保护，严防污染和水量流失。

⑥给水水厂生产区范围应明确划定并设立明显标志，在生产区外围不小于10m的范围内，不得设置生活居住区和修建牲畜饲养场，渗水厕所、渗水坑；不得堆放垃圾、粪便、废渣或铺设污水渠道；应保持良好的卫生状况和绿化。

（2）地下水源卫生防护：

①生活饮用水地下水水源保护区、取水构筑物的防护范围及影响半径的范围，应根据生活饮用水水源地所处的地理位置、水文地质条件、供水的数量、开采方式和污染源的分布，由供水单位及其主管部门会同卫生、环保及规划设计、水文地质部门研究确定，其防护措施应按地表水给水水厂生产区要求执行。

②在单井或井群影响半径范围内，不得使用工业废水或生活污水灌溉和施用有持久性毒性或剧毒的农药，不得修建渗水厕所、渗水坑、堆放废渣或铺设污水渠道，不得从事破坏深层土层的活动。

③在地下水水厂生产区范围内，应按地表水水厂生产区要求执行。

④人工回灌的水质应符合生活饮用水水质要求。

（3）卫生防护的建立与监督。水源和水厂卫生防护地带具体范围、要求、措施应由水厂提出具体意见，然后取得当地卫生部门和水厂的主管部门同意后报请当地人民政府批准公布。水厂要积极组织实施，在实施中要主动取得当地卫生、公安、水上交通、环保、农业与规划、建设部门的确认与支持。卫生防护地带建立以后要做经常性检查，发现问题要及时解决。

（三）城市水源的选择

城市给水水源选择是城市位置选择的重要条件。水源选择是否良好，往往成为决定新建城市建设和发展的重要因素之一。因此，规划城市时应充分注意城市水源选择，不可草率。对城市的水源选择应进行深入调查研究，全面搜集有关城市水源的水文、气象、地形、地质等资料，进行城市水资源勘测和水质分析。

在城市给水系统规划中，应根据城市近远期发展规模，对下列因素进行技术经济比较，从而确定城市给水水源。

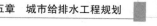

1.水源应该有足够的水量

水源具有充沛的水量，满足城市近、远期发展的需要：天然河流（无坝取水）的取水量应不大于河流枯水期的可取水量；地下水源的取水量应不大于可开采储量。采用地表水源时，须先考虑从天然河道和湖泊中取水的可能性，其次可采用拦河筑坝蓄水库水，而后考虑需调节径流的河流。地下水径流量有限，一般不适用于用水量很大的情况。

2.给水水源的水质应该良好

所选水源应当水质良好，水量充沛，便于防护。工业企业生产用水的水源水质则应根据生产要求而定。水源水质不仅要考虑现状，还要考虑远期变化趋势。对于水量而言，除保证当前生活、生产的需求外，还要满足城镇远期发展的要求。地下水水源的取水量不应大于可开采量。天然河流（无坝取水）的取水量应不大于该河流枯水期可取水量（一般为估水流量的15%～25%），当取水量占枯水流量的比例很大时，则应对可取水量做充分论证。取水量的保证率对中小城镇为90%以上，大中城市为95%以上。

3.综合考虑，统筹安排各部门的用水

选择水源时应考虑与取水工程有关的其他各种条件，如当地的水文、水文地质、工程地质、地形、卫生和工程施工等方面的条件。

选择水源时，必须配合经济计划部门制定水资源开发利用规划，全面考虑，统筹安排，正确处理给水工程与各有关部门，如农业、水力发电、航运、木材流运、水产、旅游、环境及排水等方面的关系，以求合理地综合利用和开发水资源。特别是对于水资源比较贫乏的地区，综合开发利用水资源，对本地区的全面发展具有决定性的意义。例如，处理后的城市污水可用于灌溉农田和水产养殖，工业给水系统中可采用循环给水，提高水的复用率，减少水源取水量，以解决城镇用水或工业用水与农业灌溉等用水之间的矛盾。沿海地区淡水缺乏，河流与地下水均受海水入侵的影响，一方面可以利用海水作为某些工业企业的给水水源，尽量减少淡水取水量；另一方面可采取"蓄淡避咸"措施，以防止潮汐对取水工程的影响。例如，上海宝山钢铁公司为供应生产所用淡水，在长江出口南支的罗泾地区建有一座有效容积为930万 $m^3$ 的蓄淡避咸水库，当江水含盐量低时，直接从江中取水，同时给水库蓄水；当江中含盐高时，即关闭水库进水口，并从水库中取水。

4.加强备用水源的建设，保证安全供水

为了保证安全供水，大、中城市应考虑多水源分区供水，小城市也应有远期备用水源。无多水源时，结合远期发展，应设两个以上取水口。

城市水源的选择在考虑到技术上可行的同时，还必须考虑到经济上合理，使水源的开发以最小的投入得到最大的经济效益。切不可轻率从事，以免由于水源选择不当给城市和工业区的发展建设带来不良后果。

## （四）城市备用水源的选择

### 1.备用水源的重要性

作为人口集中的城市，单一水源是很危险的，一旦水源发生危险，就会造成社会恐慌，引起严重的社会后果，因此必须采取各种措施，创造条件，开展后备水源建设。备用水源的建设是解决城市饮用水安全问题必要的措施。首先，备用水源的建设是可持续发展的具体体现，可为城市遇到特枯年或连续干旱年提供安全储备水源。第二，备用水源的建设可有效地避免重大水污染事件带来的安全隐患。如松花江苯胺污染事故导致哈尔滨市长时间停水，造成了巨大的经济损失；广东北江和湖南湘江发生的镉污染事故，对沿江城市居民的身体健康带来较大危害。如果这些城市建有备用水源，这类问题可有效地解决。第三，备用水源的建设是城市发展的需要，可以弥补城市供水的不足。城市规模、现代化和工业化的不断发展导致对水资源需求日益增加。最后，备用水源的建设是解决城市居民对饮用水水质要求不断提高的有效方法。因此，开发建设备用水源是给城市供水安全加一把安全锁，也是实现全面建成小康社会目标、构建社会主义和谐社会的重要内容，是把以人为本真正落到实处的一项紧迫任务，非常必要，具有重大意义。

### 2.备用水源的分类

备用水源是整个城市应急供水系统的基础和关键，备用水源按照水源类型可以分为地表水备用水源、地下水备用水源、外区域调水备用水源等。

地表水备用水源主要是利用湖泊、水库等具有存储、调节径流的作用，能够缓解供水、需水在时空分布上的矛盾，改变可供水量的时空分布。城市备用供水系统应进一步挖掘城市地表水资源潜力，新建或利用城市原有调蓄水工程，建设城市备用水源。

地下水备用水源是利用地下潜水或者承压水等作为备用水源。深层地下水水质好，不易遭受污染，能够保证一定时期内连续稳定地供水，是理想的应急备用水源。深层地下水作为一种特殊类型的应急备用水源，应保证其在非常情况下充分发挥应急作用，同时又不至于产生恶劣的环境地质问题，应急深井开采期间，应加强水质监测，防止地表水体污染影响地下水水质，确保供水安全。

外区域调水备用水源主要是指邻近城市之间供水取自不同的河流，在此基础上修建城市或区域之间输水干管，从而实现异地联网供水，发挥区域联合供水的功能，当其中有一城市发生应急供水时，其他城市或区域可作为备用水源。如江苏省的苏州、无锡、常州三市之间实现了本地城乡联网供水，应急时期苏、锡、常三地互为备水源。

有些城市受地理位置的局限，水源单一，一旦遭遇非常供水的情况，整个地区会出现无水可供的局面：在我国北方的广大缺水地区如天津、济南、大连等，属于资源型缺水地区，当地可利用的水资源量很少，不靠外源性补给，就不可能解决城市应急水源问题。在这些地区可以根据相邻流域供需水量进行流域间水量平衡，采取跨流域、区域引水等措施，建立城市应急供水备用水源，提高区域自救能力，保证在特殊情况下国民经济仍能持续、稳定地发展。

3.备用水源的选择

城市供水水源选择规划时，除了要满足水源的水量和水质标准外，水源地不能过于单一化。各水厂或者部分水厂要有相对独立的水源地，这样即使某个水源地发生突发性的水量或水质问题，其他水厂仍然能够正常或者超负荷供水，从而满足需要，避免大面积停水。备用水源的选择除了满足一般水源选择的要求外，还要从水资源、水环境、水生态、水景观、水安全的角度多方面地考虑；其次选择备用水源时，要协调考虑备用输水管道的建设。

## 二、地下取水构筑物

众所周知，取水构筑物位置的选择是否恰当，直接关系到整个给水系统的组成、投资、工作的经济效益、运行管理、安全可靠性及使用寿命。取水构筑物位置选择的重要性应首先立足于供水的安全可靠性，位置选择的重要性还在于投资的经济性。

## （一）位置选择

地下水取水构筑物的位置选择主要取决于水文地质条件和用水要求。在选择地点时应考虑下列基本情况：

（1）取水地点应与城市或工业的总体规划相适应，以及水资源开发利用规划相适应。

（2）应位于出水丰富、水质良好的地段。不同地段的水文地质条件选择取水地点的实践经验表明：

①在山间河谷地区的河流两岸大都有厚度不大的第四纪地层沉积物，常形成多级台地及河漫滩，形成良好的蓄水构造，地下水与河水关系密切，枯水季节地下水常补给河水，丰水季节河水补给地下水。在这些地区设置地下水取水构筑物适宜平行河流布置在河漫滩或一级台地上，以便同时截取地下水和河流渗透水。

②在山前平原地区，许多冲积扇、洪积扇连成一片，成为山前倾斜平原，其上部含水层常由卵石、砾石、粗砂等组成，厚度较大，水量较充沛，水质较好。因此，取水构筑物适宜设在冲积扇、洪积扇的中上部并与地下水流方向垂直布置。

③在平原地区分布有巨厚的第四纪层，常见的为冲积层。在河床附近，通常含水层较厚，透水性较好，且与河水有密切联系，是优先考虑的取水地段。远离河床地区含水层薄，有时还夹有黏土质。在一些大的河流中间，有广阔的沙洲和滩地，经常受河水补给，往往是取水的良好地段。

（3）应尽可能靠近主要用水地区。

（4）应有良好的卫生防护措施，免遭污染。在易污染地区，城市生活饮用水的取水地点应尽量设在居民区或工业区的地下径流上游。

（5）应注意地下水的综合开发利用。

## （二）地下取水构筑物

由于地下水类型、埋藏深度、含水层性质等各不相同，开采和收集地下水的方法和取水构筑物形式也各不相同。地下取水构筑物有管井、大口井、辐射井、复合井及渗渠等，其中以管井和大口井最为常见。

1.管井

管井由其井壁和含水层中进水部分均为管状结构而得名。通常用凿井机械开凿，故而俗称机井。常见的管井构造由井室、井壁管、过滤器及沉淀管所组成。按照过滤器是否贯穿整个含水层可分为完整井和非完整井。管井施工方便，适应性强，能用于各种岩性、埋深、含水层厚度和多层次含水层的取水工程。所以，管井是地下水取水构筑物中应用广泛的一种形式。

管井直径一般为50～1000mm，井深可达1000m以上。

2.大口井

大口井与管井一样，也是一种垂直建造的取水井，由于井径较大，故名大口井。大口井有完整式和非完整式之分。大口井是广泛用于开采浅层地下水的取水构筑物。大口井的一般构造，它主要由井筒、井口及进水部分组成。

大口井直径一般为5～8m，最大不宜超过10m，井深一般在15m以内。由于施工条件限制，我国大口井多用于开采埋深小于12m，厚度在5～20m的含水层。大口井具有构造简单，取材容易，使用年限长，容积大，能兼起调节水量作用等优点，在中小城镇、铁路，农村供水采用较多。但大口井深度浅，对水位变化适应性差，采用时必须注意地下水位变化的趋势。

3.辐射井

辐射井是由集水井与若干辐射状铺设的水平或倾斜的集水管（辐射管）组合而成。按集水井本身取水与否，辐射井分为两种形式：一是集水井底（即井底进水的大口井）与辐射管同时进水；二是井底封闭，仅由辐射管集水。前者适用于厚度较大的含水层（5～10m），但大口井与集水管的集水范围在高程上相近，互相干扰影响较大，后者适用于较薄的含水层（≤5m）。

辐射井是一种适应性较强的取水构筑物，具有产水量较高、集中管理、占地省、便于卫生防护等优点，但是施工难度较高。

4.渗渠

渗渠通常由水平集水管、集水井、检查井和泵站所组成，可用于汲取浅层地下水；也可铺设在河流、水库等地表水体之下或旁边，汲取河床地下水或地表渗透水。由于集水管是水平铺设的，也称水平式地下水取水构筑物。

渗渠的埋深一般在4～7m，很少超过10m。因此，渗渠通常只适用于开采埋藏深度小于2m厚度小于6m的含水层。渗渠也有完整式和非完整式之分。

地下水取水构筑物形式的选择，应根据含水层埋藏深度、含水层厚度、水文地质特征以及施工条件等通过技术经济比较确定。

### （三）地下水取水构筑物的选择

选择地下水取水构筑物的形式，应考虑地下含水层埋藏形式、埋藏深度、含水层厚度、水文地质特征以及施工条件等因素。

1.管井选择

管井是应用最广地下水取水形式，适用于埋藏较深、厚度较大的含水层，井深几十米至百余米，甚至几百米，管井口径通常在500mm以下，作为城镇取水设施大多采用井群。单口管井一般用钢管做井壁，在含水层部位设滤水管进水，防止砂砾进入井内。单井出水量一般为每日数百至数千立方米。管井的提水设备一般为深井泵或深井潜水泵。

管井主要适用条件：

（1）含水层厚度大于4m，其底板埋藏深度大于8m。

（2）适应于开采深层地下水，在深井泵性能允许的情况下，不受地下水埋深限制。

（3）适应性强，能用于各种岩性、埋深、含水层厚度和多层次含水层，应用范围最为广泛。

2.大口井选择

大口井适用于埋藏较浅的含水层。取水泵房可以和井身合建也可分建，也有几个大口井用虹吸管相连通后合建一个泵房的。大口井由井壁进水或与井底共同进水，井壁上的进水孔和井底均应填铺一定级别的砂砾滤层，以防取水时进砂。单井出水量一般较管井为大。

大口井主要适用条件：

（1）用于汲取浅层地下水，底板埋藏深度小于15m，含水层厚度在5m左右。

（2）适用于任何沙石、卵石、砾石层，但渗透系数最好大于20m/d。

（3）含水层厚度大于10m时应做成非完整井。

（4）比较适合中小城镇、铁路及农村的地下水取水构筑物。

辐射井适用于厚度较薄、埋深较大、沙粒较粗而不含漂卵石的含水层。辐射井单井出水量一般在2万~4万m³/d，高者可达10万m³/d。适用于含水层厚度在10m以内；适应性较强，适用于不能用大口井开采的、厚度较薄的含水层及不能用渗渠开采的厚度薄、埋深大的含水层。

渗渠适用于汲取浅层地下水、河床渗透水和潜流水。当间歇河谷河水在枯水期流量小，水浅甚至断流，而含水层为砾石或卵石，厚度小于6m时，采用渗渠取水常比较有效。埋设的集水管口径一般为0.5~1.0m，长度为数十米至数百米，管外设置由沙子和级配砾石组成的反滤层，出水量一般为20~30m³/（m·d）。渗渠位置应设在含水层较厚且无不透水夹层地段，宜在靠近河流主流的河床稳定、水流较急、水位变幅较小的直线或凹岸河段，以便获得充足水量和避免淤积。有时也可修建拦河坝，以增加河流水位，提高集水量。适用于底板埋藏深度小于6m，含水层厚度小于5m的浅层地下水；适用于中砂、粗砂、砾石或卵石层。

## 三、地表取水构筑物

地表水水源一般水量较充沛，分布较广泛，因此很多城市及工业企业常常利用地表水作为给水水源。由于地表水水源的种类、性质和取水条件各不相同，因而地表水取水构筑物有多种形式。按水源分有河流、湖泊、水库、海水取水构筑物，按取水构筑物的构造形式分有固定式（岸边式、河床式、斗槽式等）和活动式（浮船式、缆车式等）两种。在山区河流上，则有带低坝的取水构筑物和低栏栅式取水构筑物。

下面将讲述取水构筑物位置的选择、取水构筑物的形式和构造等方面的问题。

### （一）位置选择的要求

取水构筑物位置选择得是否恰当，直接影响取水的水质和水量、取水的安全可靠性、投资、施工、运行管理以及河流的综合利用。因此，正确选择取水构筑物位置是设计中十分重要的问题之一，应当深入现场做好调查研究，全面掌握河流的特性；根据取水河段的水文、地形、地质、卫生等条件，全面分析，综合考虑，提出多个可能的取水位置方案，进行技术经济比较。在条件复杂时，还需进行水工模型试验，从中选择最优的方案。

选择江河取水构筑物位置时，应考虑以下基本要求：

1.设在水量充足、水质较好的地点，易位于城镇和工业区的上游河段

生活和生产污水排入河流将直接影响取水水质。为了避免污染，取得较好水质的水，取水构筑物的位置宜位于城镇和工业企业上游的清洁河段。在污水排放口的上游100m以上。

取水构筑物应避开河流中的回流区和死水区，以减少进水中的泥沙和漂浮物。在沿海地区受潮汐影响的河流上设置取水构筑物时，应考虑到咸潮的影响，尽量避免吸入咸水。河流入海处，由于海水涨潮等原因，导致海水倒灌，影响水质。设置取水构筑物时，应注意这一现象，以免日后对工业和生活用水造成危害。

2.具有稳定的河床和河岸，靠近主流，有足够的水深

在弯曲河段上，取水构筑物位置宜设在河流的凹岸。河岸凸岸，岸坡平缓，容易淤积，深槽主流离岸较远，一般不宜设置取水构筑物。但是如果在凸岸的起点，主流尚未偏离时，或在凸岸的起点或终点，主流虽已偏离，但离岸不远有不淤积的深槽时，仍可设置取水构筑物。

在顺直河段上，取水构筑物位置宜设在河床稳定、深槽主流近岸处，通常也就是河流较窄、流速较大、水较深的地点。在取水构筑物处的水深一般要求不小于2.5~3.0m。

在有边滩、沙洲的河段上取水时，应注意了解边滩、沙洲形成的原因，移动的趋势和速度，取水构筑物不适宜设在可移动的边滩、沙洲的下游附近，以免日后被泥沙堵塞。

在有支流入口的河段上，由于干流和支流涨水的幅度和先后各不相同，容易形成堑水，产生大量的泥沙沉积。若干流水位上涨，支流水位不涨时，则对支流造成壅水，致使支流上游泥沙大量沉积。相反，支流水位上涨，干流水位不深时，又将沉积的泥沙冲刷下来，使支流含沙量剧增。在支流出口处，由于流速降低，泥沙大量沉积，形成泥沙堆积锥。因此，取水构筑物应离开支流出口处上下游有足够的距离。

3.具有良好的地质、地形及施工条件

取水构筑物应设在地质构造稳定、承载力高的地基上，不宜设在淤泥、流沙、滑坡、风化严重和岩溶发育地段。在地震地区不宜将取水构筑物设在不稳定的陡坡或山脚下。取水构筑物也不宜设在有宽广河漫滩的地方，以免进水管

过长。

选择取水构筑物位置时，要尽量考虑到施工条件，除要求交通运输方便，有足够的施工场地外，还要尽量减少土石方量和水下工程量，以节省投资，缩短工期。

水下施工不仅困难，而且费用甚高。因此，在选择取水构筑物时，应充分利用地形及地质条件，尽量减少水下施工量。例如，某厂利用长江深槽陡壁处建造取水构筑物，枯水期在露头岩盘上开凿暗渠引水，取水头部岩石留在最后定向爆破，从而避免了水下施工，节约了大量投资。山区河流有时利用河中出面的礁石作为取水头部的支墩，在礁石与河岸之间修筑短围堰，敷设自流管，以减少水下施工量。

4.靠近主要用水地区

取水构筑物位置的选择应与工业布局和城市规划相适应，全面考虑整个给水系统（输水管线、净水厂、二级泵房等）的合理布置。在保证取水安全的前提下，取水构筑物应尽可能靠近主要用水地区，以缩短输水管线的长度，减少输水管的投资和输水电费。此外，输水管的敷设应尽量减少穿过天然（河流、谷地等）或人工（铁路、公路等）障碍物。

5.应注意河流上的人工构筑物或天然障碍物

河流上常见的人工构筑物（如桥梁、码头、丁坝、拦河坝等）和天然障碍物，往往引起河流水流条件的改变，从而使河床产生冲刷或淤积，故在选择取水构筑物位置时必须加以注意。

6.避免冰凌的影响

在北方地区的河流上设置取水构筑物时，应避免冰凌的影响。取水构筑物应设在水内冰凌少和不受流冰冲击的地点，而不宜设在易于产生水内冰的急流、冰穴，冰洞及支流出口的下游，尽量避免将取水构筑物设在流冰易于堆积的浅滩、沙洲、回流区和桥孔的上游附近。在水内冰较多的河段，取水构筑物不宜设在冰水混杂地段，而宜设在冰水分层地段，以便从冰层下取水。

7.应与河流的综合利用相适应

在选择取水构筑物位置时，应结合河流的综合利用，如航运、灌溉、排洪、水力发电等，全面考虑，统筹安排。在通航的河流上设置取水构筑物时，应不影响航船的通行，必要时应按照航道部门的要求设置航标；应注意了解河流上下游近远期内拟建的各种水工构筑物（水坝、水库、水电站、丁坝等）和整治规划对取水构筑物可能产生的影响。

取水构筑物的设计最高水位应按照100年一遇的频率确定。城市供水水源的设计最小流量大的保证率，一般采用90%～97%，设计枯水位的保证率，一般采用90%～99%。

此外，在湖泊、水库取水时，取水构筑物位置应注意不要选择在湖岸芦苇丛生处附近，海水取水构筑物还要考虑潮汐和风浪造成的水位波动及冲击力等对取水构筑物的影响。

## （二）地表取水构筑物类型

### 1.江河取水构筑物

（1）岸边式取水构筑物。直接从江河岸边取水的构筑物，称为岸边式取水构筑物，是由进水间和泵房两部分组成的，属于固定式取水构筑物。它适用于江河岸边较陡，主流近岸，岸边有足够的水深，水质和地质条件较好，水位变幅不大的情况。按照进水间与泵房的合建与分建，岸边式取水构筑物可分为合建式和分建式。

①合建式岸边取水构筑物。合建式取水构筑物是进水间与泵房合建在一起，设在岸边。河水经过进水孔进入进水间的进水室，再经过格网进入吸水室，然后由水泵抽送至水厂或用户。在进水孔上设有格栅，用以拦截水中粗大的漂浮物。设在进水间中的格网用以拦截水中细小的漂浮物。

合建式的优点是布置紧凑，占地面积小，水泵吸水管路短，运行管理方便，因而采用较广泛，适用在岸边地质条件较好时。但合建式土建结构较复杂，施工较困难。当地基条件较好时，进水间与泵房的基础可以建在不同的标高上，呈阶梯式布置。这种布置可以利用水泵吸水高度以减小泵房深度，有利于施工和降低造价，但水泵启动时需要抽成真空。

合建式用于河岸较陡、主流近岸、岸边有足够水深、水位变化幅度较大的情况使用。

②分建式岸边取水构筑物。当岸边地质条件较差，进水间不宜与泵房合建时，或者分建对结构和施工有利时，则宜采用分建式。分建式土建结构简单，施工较容易，但操作管理不便，吸水管路较长，增加了水头损失，运行安全性不如

合建式。分建式适用于地质条件较差、进水间不易于泵房合建时，或者水下施工有困难时。

（2）河床式取水构筑物。河床式取水构筑物与岸边式基本相同，属于固定式取水构筑物，但用伸入江河中的进水管（其末端设有取水头部）来代替岸边式进水间的进水孔。因此，河床式取水构筑物是由泵房、进水间（注：河床式取水构筑物，将进水间称为集水间或集水井）、进水管（即自流管或虹吸管）和取水头部等部分组成。当河床稳定，河岸较平坦，枯水期主流离岸较远、岸边水深不够或水质不好，而河中又具有足够水深或较好水质时，适宜采用河床式取水构筑物。河床式取水构筑物的布置，河水经取水头部的进水孔流入，沿进水管流至集水间，然后由泵抽走。集水间与泵房可以合建，也可以分建。

按照进水管形式的不同，河床式取水构筑物有以下类型：

①自流管取水。集水间与泵房合建和分建的自流管取水构筑物，河水通过自流管进入集水间。由于自流管淹没在水中，河水靠重力自流，工作较可靠。但敷设自流管时，开挖土石方量较大，适用于自流管埋深不大时，或者在河岸可以开挖隧道以敷设自流管时。

在河流水位变幅较大、洪水期历时较长、水中含沙量较高时，为了避免在洪水期引入底层含沙量较多的水，可在集水井井壁上开设高水位进水孔，或者设置高水位自流管，以便在洪水期取上层含沙量较少的水。

②虹吸管取水。河水通过虹吸管进入集水井中，然后由水泵抽走。当河水水位高于虹吸管顶时，无须抽真空即可自流进水；当河水水位低于虹吸管顶时，须先将虹吸管抽真空方可进水。在河滩宽阔、河岸较高，且为坚硬岩石，埋设自流管需开挖大量土石方，或管道需要穿越防洪堤时采用。由于虹吸管高度最大可达7m，与自流管相比提高了埋管的高程，因此可大大减少水下土石方量，缩短工期，节约投资。但虹吸管对管材及施工质量要求较高，运行管理要求严格，集水井须保证严密不漏气；需要装置真空设备，工作可靠性不如自流管。

③水泵直接吸水。不设集水间，水泵吸水管直接伸入河中取水。由于可以利用水泵吸水高度以减小泵房深度，又省去集水间，故结构简单，施工方便，造价较低。在不影响航运时，水泵吸水管可以架空敷设在桩架或支墩上。为了防止吸水头部被杂草或其他漂浮物堵塞，可利用水泵从一个头部吸水管抽水，向另一个被堵塞的头部吸水管进行反冲洗。这种形式一般适用于水中漂浮物不多、吸水管

不长的中小型取水泵房。

河床式取水构筑物的适用范围较广，当集水井建在岸内时，可免受洪水冲刷和流水冲击。但是，由于取水头部和进水管经常淹没在水下，故检修不方便，遇有泥沙、水草和冰凌堵塞时，清洗较困难。

④桥墩式取水。整个取水构筑物建在水中，在进水间的壁上设置进水孔。由于取水构筑物建在江内，缩小了水流过水断面，容易造成附近河床冲刷，因此基础埋深较大、施工较复杂。此外，还需要设置较长的引桥与岸边连接，非但造价昂贵，而且影响航运，故只宜在大河、含沙量较高、取水量较大，岸坡平缓、岸边无建泵房条件的情况下使用。

（3）斗槽式取水构筑物。在岸边式或河床式取水构筑物之前设置"斗槽"进水，称为斗槽式取水构筑物，属于固定式取水构筑物。按照水流进入斗槽的流向，可分为顺流式、逆流式和双流式。

斗槽是在河流岸边用堤坝围成的，或者在岸内开挖的进水槽，目的在于减少泥沙和冰凌进入取水口。由于斗槽中的流速较小，水中泥沙易于在斗槽中沉淀，水内冰容易上浮。因此，斗槽式取水构筑物适宜在河流含沙量大、冰凌较严重、取水量较大、地形条件合适时采用。

斗槽式取水构筑物的位置应设在凹岸靠近主流的岸边处，以便利用水力冲洗沉积在斗槽内的泥沙。斗槽式取水构筑物由于施工量大、造价较高、排泥困难，并且要有良好的地质条件，因而采用较少。

（4）浮船式取水构筑物。浮船式取水构筑物实质上是漂浮在水面上的一级泵站。所谓浮船式，就是把水泵安装漂浮在水面的船上取水。浮船适用于河流水位变幅较大（10～35m或以上），水位变化速度不大于2m/h，枯水期有足够水深，水流平稳，河床稳定，岸边具有20°～30°坡角、无冰凌，漂浮物少，不受浮筏、船只和漂木撞击的河流。浮船式取水构筑物也广泛用于水库取水，其优越性十分显著。

浮船式取水构筑物具有投资少、建设快、易于施工（无复杂的水下工程）、有较大的适应性与灵活性、能经常取得含沙量较少的表层水等优点。因此，在我国西南、中南等地区应用较广泛。目前一只浮船的最大取水能力已达每日$30 \times 10^4 m^3$。但它也存在缺点，例如：河流水位涨落时需要移动船位，阶梯式连接时尚需拆换接头以致短时停止供水，操作管理较麻烦；浮船还要受到水流、

风浪、航运等的影响，安全可靠性较差。

浮船有木船、钢板船以及钢丝网水泥船等，一般做成平底囤船形式，平面为矩形，断面为梯形或矩形，浮船布置需保证船体平衡与稳定，并需布置紧凑和便于操作管理。

浮船与输水管的连接应是活动的，以适应浮船上下左右摆动的变化，目前有两种形式：

①阶梯式连接。阶梯式连接又分为刚性联络管和柔性联络管两种连接方式。刚性联络管阶梯式连接，它使用焊接钢管，两端各设一球形万向接头，最大允许转角22°，以适应浮船的摆动。由于受联络管长度和球形万向接头转角的限制，在水位涨落超过一定高度时，则需移船和换接头。

②摇臂式连接。在岸边设置支墩或框架，用以支承连接输水管与摇臂管的活动接头，浮船以该点为轴心随水位、风浪而上下左右移动。

（5）缆车式取水构筑物。缆车式取水构筑物由泵车、坡道或斜桥、输水管和牵引设备等部分组成，属于移动取水构筑物。当河流水位涨落时，泵车由牵引设备带动，沿坡道上的轨道上下移动。

缆车式取水构筑物位置宜选择在河岸地质条件较好，并有10°~28°的岸坡处为宜。河岸太陡，则所需牵引设备过大，移车较困难；河岸平缓，则吸水管架太长，容易发生事故。

2.湖泊和水库取水构筑物

地表水取水构筑物形式，很多也适合湖泊、水库取水，如岸边式取水形式、江心桥墩式取水、移动式取水形式等。由于湖泊、水库水体与江河水文特征不同，岸边地形、地貌特殊，有些取水方式比较适合于湖泊、水库的取水工程，如与坝体合建分层取水、与泄水口合建分层取水、自流管式取水、隧洞式取水和引水明渠取水等。

（1）隧洞式取水和引水明渠取水。隧洞式取水构筑物可采用水下岩塞爆破法施工，即在选定的取水隧洞的下游端，先行挖掘修建引水隧洞，在接近湖底或库底的地方预留一定厚度的岩石——岩塞，最后用水下爆破的办法，一次炸掉预留的岩塞，从而形成取水口。这一方法在国内外均已获得应用。

（2）分层取水的取水构筑物。这种取水方式适用于深水湖泊或水库。在不同季节、不同水深，深水湖泊或水库的水质相差较大，例如，在夏秋季节，表层水藻类较多，在秋末这些漂浮生物死亡沉积于库底或湖底，因腐烂而使水质恶化发臭。采用分层取水的方式，可以根据不同水源的水质情况，取得低浊度、低色度、无臭的水。

由于深水湖或水库的水质随水深及季节等因素变化，因此大都采用分层取水方式，即从最优水质的水层取水。分层取水构筑物可常与水库坝、泄水口合建。一般取水塔可做成矩形、圆形或半圆形。塔身上一般设置3～4层喇叭管进水口，每层进水口高差一般4～8m，以便分层取水。最底层进水口应设在死水位以下约0.2m。进水口上设有格栅和控制闸门。进水竖管下面接引水管，将水引至泵站吸水井。引水管敷设于坝身廊道内，或直接埋设在坝身内。泵站吸水井一般做成承压密闭式，以便充分利用水库的水头。

在取水量不大时，为节约投资，亦可不建取水塔，而在混凝土坝身内直接埋设3～4层引水管取水。

（3）自流管式取水构筑物。在浅水湖泊和水库取水，一般采用自流管或虹吸管把水引入岸边深挖的吸水井内，然后水泵的吸水管直接从吸水井内抽水（与河床式取水构筑物类似），泵房与吸水井既可合建，也可分建。

以上为湖泊水库的常用取水构筑物类型，具体选择时应根据水文特征和地形、地貌、气象、地质、施工等条件进行技术经济比较后确定。

3.海水取水构筑物

海水取水构筑物主要有下列三种形式。

（1）引水管渠取水。当海滩比较平缓时，用自流管或引水渠引水。如自流管式海水取水构筑物，它为上海某热电厂和某化工厂提供生产冷却用水，日供水量为125万吨。自流管为两根直径3.5m的钢筋混凝土管，每根长1600m，每条引水管前端设有六个立管式进水口，进口处装有塑料格栅进水头。

（2）岸边式取水。在深水海岸，岸边地质条件较好、风浪较小、泥沙较少时，可以建造岸边式取水构筑物从海岸边取水，或者采用水泵吸水管直接伸入海岸边取水。

（3）潮汐式取水。如在海边围堤修建蓄水池，在靠海岸的池壁上设置若干潮门。涨潮时，海水推开潮门，进入蓄水池；退潮时，潮门自动关闭，泵站自蓄水池取水。这种取水方式节省投资和电耗，但清除池中沉淀的泥沙较麻烦。有时蓄水池可兼作循环冷却水池，在退潮时引入冷却水，可减少蓄水池的容积。

# 第四节　城市排水系统的体制和组成

## 一、概述

在人们的日常生活和生产活动中都要使用水。水在使用过程中受到了污染，成为污水，需进行处理与排除。此外，城市内降水（雨水和冰雪融化水），径流流量较大，亦应及时排放。将城市污水、降水有组织地排出与处理的工程设施称为排水系统。在城市规划与建设中，对排水系统进行全面统一安排，称为城市排水工程规划。

城市排水可分为三类，即生活污水、工业废水和降水径流。城市污水是指排入城市污水管道的生活污水和工业废水的总和。

生活污水、工业废水以及降水的来源和特征如下：

### （一）生活污水

是指人们在日常生活中所产生的污水。来自住宅、机关、学校、医院、商店、公共场所及工厂的厕所、浴室、厨房、洗衣房等处排出的水。这类污水中含有较多的有机杂质，并带有病原微生物和寄生虫卵等。

### （二）工业废水

是指工业生产过程中所产生的废水，来自工厂车间或矿场等地。根据它的污染程度不同，又分为生产废水和生产污水两种。

1.生产废水

是指生产过程中，水质只受到轻微污染或仅是水温升高，可不经处理直接排放的废水，如机械设备的冷却水等。

2.生产污水

是指在生产过程中，水质受到较严重的污染，须经处理后方可排放的废水。其污染物质，有的主要是无机物，如发电厂的水力冲灰水；有的主要是有机物，如食品工厂废水；有的含有机物、无机物，并有毒性，如石油工业废水、化学工业废水等。废水性质随工厂类型及生产工艺过程不同而异。

（三）降水

指地面上径流的雨水和冰雪融化水。降水径流的水质与流经表面情况有关。一般是较清洁的，但初期雨水径流却比较脏。雨水径流排出的特点是时间集中、量大，以暴雨径流危害最大。

以上三种水，均需及时妥善地处置。如解决不当，将会妨碍环境卫生、污染水体，影响工农业生产及人民生活，并对人们身体健康带来严重危害。

城市排水工程规划的任务就是将上述三种水汇集起来，输送到污水处理厂（其中降水与工业生产废水一般可直接排入附近水体），经过处理后再排放。

## 二、城市排水系统的体制及其选择

对生活污水、工业废水和降水径流采取的汇集方式，称为排水体制，也称排水制度。按汇集方式可分为分流制和合流制两种基本类型。

### （一）分流制排水系统

当生活污水、工业废水、降水径流用两个或两个以上的排水管渠系统来汇集和输送时，称为分流制排水系统。其中汇集生活污水和工业废水中生产污水的系统称为污水排除系统；汇集和排泄降水径流和不需要处理的工业废水（指生产废水）的系统称为雨水排除系统；只排除工业废水的称工业废水排除系统。

分流制排水系统中对于单纯排除降水径流的雨水排除系统通常有两种做法：一种是设置完善的雨水管渠系统；另一种是暂不设，雨水沿着地面、道路边沟和明渠泄入天然水体。这种情况只有在地形条件有利时采用。对于新建城市或地区，在建设初期，往往也采用这种雨水排除方式，待今后配合道路工程的不断完善，再增设雨水管渠系统。

### （二）合流制排水系统

将生活污水、工业废水和降水径流用一个管渠系统汇集输送的称为合流制排水系统。根据污水、废水、降水径流汇集后的处置方式不同，可分为下列两种情况：

1.直泄式合流制

管渠系统的布置靠近水位低的位置，分若干排出口，混合的污水未经处理直接泄入水体。我国许多城市旧城区的排水方式大多是这种系统。这是因为在以往工业尚不发达，城市人口不多，生活污水和工业废水量不大，直接泄入水体，对环境卫生及水体污染问题还不很严重。但是，随着现代工业与城市的发展，污水量不断增加，水质日趋复杂，所造成的污染危害很大。因此，这种直泄式合流制排水系统目前一般不宜采用。

2.截流式合流制

这种体制是指在街道管渠中合流的生活污水、工业废水和雨水，一起排向沿河的截流干管。晴天时全部输送到污水处理厂；雨天时当雨水、生活污水和工业废水的混合水量超过一定数量时，其超出部分通过溢流井泄入水体。这种体制目前应用较广。

（三）排水体制的选择

合理选择排水体制，是城市排水系统规划中一个十分重要的问题。它关系到整个排水系统是否实用，能否满足环境保护的要求，同时也影响排水工程的总投资、初期投资和经营费用。对于目前常用的分流制和截流式合流制的分析比较，可从下列几方面说明。

1.环境保护方面要求

截流式合流制排水系统同时汇集了部分雨水输送到污水厂处理，特别是较脏的初期雨水，带有较多的悬浮物，其污染程度有时接近于生活污水，这对保护水体是有利的。但另一方面，暴雨时通过溢流井将部分生活污水、工业废水泄入水体，周期性地给水体带来一定程度的污染是不利的。对于分流制排水系统，将城市污水全部送到污水厂处理，但初期雨水径流未经处理直接排入水体是其不足之处。从环境卫生方面分析，究竟哪一种体制较为有利，要根据当地具体条件分析比较才能确定。一般情况下，截流式合流制排水系统对保护环境卫生、防止水体污染而言不如分流制排水系统。由于分流制排水系统比较灵活，较易适应发展需要，通常能符合城市卫生要求，因此目前得到了广泛采用。

2.基建投资方面

合流制排水只需一套管渠系统，大大减少了管渠的总长度。据资料统计，一般合流制管渠的长度比分流制管渠的长度减少30%～40%，而断面尺寸和分流制雨水管渠基本相同，因此合流制排水管渠造价一般要比分流制低20%～40%。虽然合流制泵站和污水厂的造价通常比分流制高，但由于管渠造价在排水系统总造价中占70%～80%，所以分流制的总造价一般比合流制高。从节省初期投资考虑，初期只建污水排除系统而缓建雨水排除系统，节省初期投资费用，同时施工期限短，发挥效益快，随着城市的发展，再逐步建造雨水管渠。分流制排水系统利于分期建设。

3.维护管理方面

合流制排水管渠可利用雨天剧增的流量来冲刷管渠中的沉积物，维护管理较简单，可降低管渠的维护管理费用。但对于泵站与污水处理厂，由于设备容量大，晴天和雨天流入污水厂的水量、水质变化大，从而使泵站与污水厂的运行管理复杂，增加运行费用。分流制流入污水厂的水量、水质变化比合流制小，利于污水处理、利用和运行管理。

4.施工方面

合流制管线单一，可减少与其他地下管线、构筑物的交叉，管渠施工较简单，对于人口稠密、街道狭窄、地下设施较多的市区更为突出。

总之，排水体制的选择，应根据城市总体规划、环境保护要求、当地自然条件和水体条件、城市污水量和水质情况、城市原有排水设施等情况综合考虑，通过技术经济比较决定。一般新建城市或地区的排水系统，较多采用分流制；旧城区排水系统改造，采用截流式合流制较多。同一城市的不同地区，根据具体条件，可采用不同的排水体制。

## 三、城市排水系统的组成

### （一）城市污水排出系统的组成

污水排除系统通常是指以收集和排除生活污水为主的排水系统。在现代化房屋里，固定式面盆、浴缸、便桶等统称为房屋卫生设备。这些设备不但是人们用水的容器，而且也是承受污水的容器，是生活污水排除系统的起端设备。

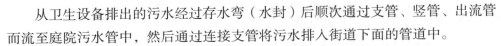

　　从卫生设备排出的污水经过存水弯（水封）后顺次通过支管、竖管、出流管而流至庭院污水管中，然后通过连接支管将污水排入街道下面的管道中。

　　街道下面的管道可分为支管、干管、主干管及管道系统上的附属构筑物。支管是承受庭院管道的污水，通常管径不大；由支管汇集污水至干管，然后排入城市中的主干管，最终将污水输送至污水处理厂或排放地点。

　　在管道系统中，往往需要把低处的污水向上提升，这就需要设置泵站，设在管道系统中途的泵站称中途泵站，设在管道系统终点的泵站称终点泵站。泵站后污水如需用压力输送时，应设置压力管道。

　　在管道系统中部，某些易于发生故障的部位，往往设有辅助性出水口（渠），称为事故出水口。以便当这些组成部分发生故障，污水不能流通时，借它来排除上游来的污水。如设在污水泵站之前，当泵站检修时污水可从事故出水口排出，一般可就近排入水体。

　　从上面的叙述可见，污水排除系统包括下列五个主要部分：

　　（1）室内（房屋内）污水管道系统及卫生设备。

　　（2）室外（房屋外）污水管道系统：包括庭院（或街坊内）管道和街道下污水管道系统。

　　（3）污水泵站及压力管道。

　　（4）污水处理厂。

　　（5）污水出口设施：包括出水口（渠）、事故出水口及灌溉渠等。

### （二）工业废水排除系统的组成

　　有些工业废水排入城市污水管道或雨水管道，不单独形成系统，而有些工厂单独形成工业废水排除系统，其组成为：

　　（1）车间内部管道系统及排水设备。

　　（2）厂区管道系统及附属设备。

　　（3）污水泵站和压力管道。

　　（4）污水处理站（厂）。

　　（5）出水口（渠）。

## （三）城市雨水排除系统的组成

雨水来自两个方面，一部分来自屋面，一部分来自地面。屋面上的雨水通过天沟和竖管流至地面，然后随地面雨水一起排除。地面上雨水通过雨水口流至街坊（或庭院）雨水道或街道下面的管道。雨水排除系统主要包括：

（1）房屋雨水管道系统，包括天沟、竖管及房屋周围的雨水管沟。

（2）街坊（或厂区）和街道雨水管渠系统，包括雨水口、庭院雨水沟、支管、干管等。

（3）泵站。

（4）出水口（渠）。

雨水一般就近排入水体，不需处理。在地势平坦、区域较大的城市或河流洪水位较高，雨水自流排放有困难的情况下，设置雨水泵站排水。

此外，对于合流制排水系统，只有一种管渠系统，具有雨水口、溢流井、溢流口。在管道系统中设置有截流干管。其他组成部分和污水排出系统相同。

# 第五节　合流制管渠系统的规划设计

## 一、合流制管渠系统的特点及使用条件

合流制管渠系统是在同一管渠内排除生活污水、工业废水及雨水的排水系统。我国城市旧排水管渠系统大多是这种体制。根据混合水处理与排放方式的不同，常用的是截流式合流制管渠系统。

### （一）截流式合流制的工作情况与特点

截流式合流制系统是在临水体设置截流干管及溢流井，汇集各支、干管的污水。晴天时，截流干管以非满流方式将生活污水和工业废水送往污水处理厂。雨天时，流入截流干管的水量除了生活污水、工业废水外，尚有雨水。假定三种

混合水量总和为$Q$，截流干管的输水量为$q$，当$Q \leqslant q$时，混合水全部输送往污水厂处理；当$Q > q$时，部分混合水（$Q = q$这部分）送往污水厂，$Q$大于$q$部分（即$Q-q$）通过溢流井排入水体。溢流的起讫时间及溢流水量的大小，在截流干管管径已定条件下，与雨型有关，一般刚开始下雨时，雨量小，混合水量$Q$小，未开始溢流，随着雨量增大，达到$Q > q$时即开始溢流，随着降雨时间延长，由于降雨强度的减弱，混合水量$Q$减少，相应地溢流量变小，当$Q \leqslant q$时，溢流停止，全部混合水又都流向污水处理厂。

从上述管渠系统的工作情况可知：截流式合流制的特点是用同一管渠系统汇集了生活污水、工业废水和部分雨水，集中到污水厂处理。消除了晴天时城市污水污染及雨天时较脏的初雨水与部分城市污水对水体的污染。因此，在一定程度上满足环境保护方面的要求。另外，在大雨时，有部分污水、废水和雨水的混合水通过溢流井排入水体（其溢入水体的混合水量与截流干管的输水能力有关），造成对水体周期性的污染，不如分流制排水系统。然而，截流式合流制一般在节省投资、管道施工等方面都较为有利，在城市旧排水系统改造中采用较多，在新建城市或地区中也有采用。

（二）合流制排水系统的使用条件

通常在下列情况下采用合流制排水系统较为有利：

（1）雨水稀少的地区。

（2）排水区域内有一处或多处水量充沛的水体，其流量和流速都较大，一定量的混合污水溢入水体后对水体的污染危害程度在允许的范围内。

（3）街坊和街道的建设比较完善，必须采用暗管（渠）排除雨水，而街道横断面又较窄，地下管线多、施工复杂，管渠的设置位置受到限制时。

（4）地面有一定坡度倾向水体，当水体高水位时，岸边不受淹没。污水在中途不需要泵站提升。

（5）水体卫生要求特别高的地区，污、雨水均需要处理者。

显然，对于某个城市或地区来说，上述条件不一定同时都能满足，但可根据具体情况，酌情选用合流制排水系统。若水体离排水区域较远，水体流量、流速小，城市污水中有害物质经溢流井泄入水体的浓度超过水体允许卫生标准等情况下，则不宜采用。

排水体制的选择，是一项影响深远、关系重大的决策，要根据城市具体条件（现状及自然条件、经济条件等）与要求，从环境保护、施工技术、运行管理、经济分析等诸方面作方案比较，慎重决定。

目前，我国许多城市的旧排水系统大多数是直泄式合流制，污水就近排入水体，给城市卫生带来严重的危害。如将原系统改建成分流制，受现状条件、经济能力等限制，往往存在许多具体困难，不现实。在不少情况下，仍可采用合流制排水系统，而在沿河设置拦集污水的截流干管，将城市污水送往下游进行处理、排放或利用。

## 二、合流制排水系统的布置

### （一）合流制排水系统布置要求

截流式合流制排水系统除应满足管渠、泵站、污水处理厂、出水口等布置的一般要求外，根据其特点，布置中尚需考虑下列因素：

（1）合流制管渠的布置应使其所服务区域面积上的生活污水、工业废水和雨水都能合理地排入管渠，并尽可能以最短距离坡向截流干管。

（2）暴雨时，超过一定数量的混合污水都能顺利地通过溢流井泄入附近水体，以尽量减少截流干管的断面尺寸和缩短排放渠道的长度。

（3）溢流井的数目不宜过多，位置应选择恰当，以免增加溢流井和排放渠道的造价，减少对水体的污染。

### （二）合流制排水系统的布置

（1）管渠布置：截流式合流制的支管、干管布置基本上与雨水管渠布置方法相同——结合地形条件，管渠以最短距离坡向附近的水体。在合流制系统上游排水区域内，如雨水可沿地面街道边沟排泄，则可只设污水管道。只有当雨水不宜沿地面径流时，才布置合流管渠。截流干管一般沿水体岸边布置，其高程应使连接的支、干管的水能顺利流入，同时其高程应在最大月平均高水位以上。在城市旧排水系统改造中，如原有管渠出口高程较低，截流干管高程达不到上述要求时，只有降低高程，采用防潮闸门及排涝泵站。

（2）溢流井的布置：从减少截流干管的尺寸考虑，要求溢流井数量多一些，这样可使混合污水及时溢入水体，降低下游截流干管的设计流量。但溢流井过多，将增加溢流井和排放渠道的造价，特别当溢流井离水体较远，施工条件困难时，更是如此。通常，当溢流井的高程低于最大月平均高水位，需在排水渠道上设置防潮闸门及排涝泵站时，为减少泵站的造价并便于管理，溢流井更应适当集中，数量不宜多。从对水体的污染角度分析，截流式合流制在暴雨时溢流的混合水是较脏的，为减少污染，保护环境，溢流井也宜适当集中，并应尽可能位于水体的下游。此外，要求溢流井的位置最好靠近水体，以缩短排放渠道的长度。溢流井尽可能结合排涝原站或中途泵站一起修建。通常溢流井设置在合流干管和截流干管的交会处，但为了节约投资及减少对水体的污染，并不是在每个交汇点上都设置。溢流井的数量及具体位置，可根据实际条件，结合管渠系统布置，考虑上述因素，通过技术经济比较决定。

### （三）合流制排水系统的补救措施

截流式合流制排水系统的不足：大雨时溢流混合污水，往往造成对水体的严重周期性污染。溢流的混合污水不仅含有部分生活污水与工业废水，而且携带有晴天旱流时沉积在管底的污物。据有关资料介绍，溢流混合污水的平均$BOD_5$（五天生化需氧量）浓度有时竟达200mg/L左右。随着城市与工业的发展，河流的污染因污水溢流而更趋严重。补救办法有下列三种：

（1）增加截流管渠：加大雨天时混合污水的截流量。这种方法可以减轻对水体的污染，但不能根本解决问题。因为暴雨时往往雨水量为旱流污水量的十多倍甚至数十倍，而增加的截流量受截流干管的管径及污水处理厂处理容量的限制，不可能太大。因此，还是有部分混合污水溢入水体。其次，增加截流干管及扩大污水处理厂容量，投资也较大。

（2）在溢流出水口处设置简单的处理设施，以减轻溢流污水对水体的污染。如对溢流的混合污水筛滤、沉淀等。该法的优点是基建投资省；缺点是当混合污水较脏时，仅通过这些简易处理而排放的混合污水对水体还是有一定程度的污染。同时在每一个溢流井处需增加一套处理设备，管理较麻烦。

（3）在溢流出水口附近设置混合污水贮水池，它的作用是：①降雨时蓄积溢流的混合污水，雨止后把贮存的水送往污水处理厂处理；②起沉淀池作用，改善溢流污水的水质。一般认为这种方法是比较好的，它的优点是：能较彻底地解决溢流混合污水对水体的污染问题；可充分利用截流干管的输水能力及污水处理厂的处理能力；而投资通常比第一种方法节省。其缺点是：贮水池的容积较大，占一定用地面积；蓄积的污水需用水泵提升至截流干管，增加设备及抽升费用。

## 三、合流制排水管渠的水力计算

### （一）设计流量的确定

截流式合流制排水管渠的设计流量：在第一个溢流井上游的合流管段，其设计流量$Q_2$为：

$$Q_2 = (Q_s + Q_g) + Q_y = Q_n + Q_y \qquad (5-17)$$

式中：$Q_s$——生活污水量，L/s；

$Q_g$——工业废水量，L/s；

$Q_y$——雨水设计流量，L/s；

$Q_n$——溢流井以前的旱流污水量，L/s。

生活污水量是采用平均日的平均流量（即总变化系数采用1）；工业废水量是采用最大生产班内的平均流量。这两部分流量均可根据城市和工厂的实际情况统计得到。

在计算中，当生活污水量和工业废水量之和小于雨水设计流量的5%时，其流量可忽略不计，以简化计算。因为它们的加入与否往往不影响管渠、管径及坡度的决定。当生活污水量和工业废水量之和较大时，应计入。

生活污水量与工业废水量之和，也即是合流管渠晴天时的设计流量，称为旱流污水量（$Q_n$）。由于合流管渠中流量变化大，晴天时流量小，因此按（5-17）式中$Q_2$计算的管径、坡度、流速。要用晴天旱流污水量来校核，检验管渠在输送旱流污水时能否满足不产生淤积的最小流速要求。

溢流井以下管段的设计流量：截流式合流制排水系统在截流干管上设置了溢流井后，溢流井以下管的设计流量$Q$为：

$$Q = (n_0 + 1)Q_h + Q_y' + Q_h' \qquad (5-18)$$

式中：$Q_h$——上游来的转输旱旱流污水量，L/s；

$Q_y'$——设计管段汇水面积内的雨水设计流量，L/s；

$Q_h'$——设计管段汇水面积内的旱流污水量，L/s；

$n_0$——截流倍数，即上游来的最大转输雨水量与旱流污水量之比。

上游来的混合污水量$Q_z$超过（$n_0+1$）$Q_h$的部分从溢流井溢入水体。当截流干管上设有几个溢流井时，上述确定设计流量的方法不变。

## （二）计算要点及方法

合流制排水管渠一般按满流设计，当确定了管段的设计流量后，水力计算工作包括下列三个方面：

### 1.溢流井上游合流管渠的计算

溢流井上游合流管渠的计算与雨水管渠计算方法基本相同，只是它的设计流量包括雨水、生活污水和工业废水量。设计计算中需注意的一个问题是，合流制管渠的雨水设计重现期一般应比同一情况下雨水管渠的设计重现期适当提高（一般提高25%～30%）。因为合流管道中混合污水从检查井溢出街道的可能性还是存在的，而合流制管渠一旦溢流时造成危害，损失要大得多，对城市环境卫生影响也严重得多。因此，合流管渠的设计重现期和容许的积水程度都应从严掌握。

### 2.截流干管和溢流井的计算

计算中首先要决定所采用的截流倍数$n_0$，根据$n_0$值可按式（5-18）算出截流干管的设计流量和通过溢流井泄入水体的流量，作为截流干管与溢流井计算的依据。

关于截流倍数$n_0$的采用：为使溢流井以下的截流干管管径小一些，造价低些，宜用较小的截流倍数；但为了保护水体少受污染，又宜选用较大的截流倍数。因此，截流倍数$n_0$应根据旱流污水的水质、水量情况，水体条件，卫生方面要求以及降雨情况等综合考虑来确定。我国一般采用截流倍数$n_0$在1～5范围。选用$n_0$值应征得当地卫生部门的同意。在实际工作中，初步设计的$n_0$值可根据不同排放条件按表5-1选用。

表5-1　不同排放条件下的$n_0$值

| 序号 | 排放条件 | $n_0$值 |
|---|---|---|
| 1 | 在居住区内排入大河流 | 1~2 |
| 2 | 在居住区内排入小河流 | 3~5 |
| 3 | 在区域泵站和总泵站前及排水总管端部根据居民区内水体的大小 | 0.5~2 |
| 4 | 在处理构筑物前根据处理方法与构筑物的组成 | 0.5~1 |
| 5 | 工厂区 | 1~3 |

为减少污水处理厂的负荷及下游截流干管的尺寸，目前我国一些城市的截流干管上溢流井截流倍数通常采用3。

当确定了截流倍数后，即可算出截流干管的设计流量，截流干管的水力计算方法同雨水管渠。关于溢流井的计算及各部分尺寸的决定，可参照《给水排水设计手册》。

3.晴天旱流污水量的校核

晴天旱流时，合流管渠中的流速应能满足管渠最小流速的要求，对于合流管渠，一般不宜小于0.2~0.5m/s。当不能满足时，应修改设计管渠所采用的断面尺寸或坡度，或者在管底设低流槽以保证旱流时的最小流速。

## 四、城市旧合流制管渠系统的改造

城市排水管渠系统伴随城市的发展而相应发展。最初，城市往往用明渠直接排出雨水和少量污水至附近水体。随着工业的发展和人口的增加、集中，为保证市区的卫生条件，便把明渠改为暗渠（管），污水仍直接排入水体。也就是大多数城市旧的排水系统一般都采用直泄式合流制管渠系统。

### （一）旧排水系统存在的主要问题

我国许多城市旧排水系统不能适应工业的发展和现代卫生设备的设置。新中国成立以来，做了一些工作，新设或改建了一些排水工程，例如著名的北京龙须沟、上海曹嘉滨工程等。

但是城市排水工作长期来没有得到应有的重视，改建、扩建工程大大落后了，不能满足城市与工业发展的需要。归纳起来，旧排水系统一般存在的主要问题是：

（1）管径偏小，排水能力不足，系统零乱，缺乏统一的改建规划。

（2）一般仍为直泄式合流制，出水口多而分散，就近直接排放，污染水体，影响城市环境卫生及水体利用。

（3）工业废水未加控制，不经处理擅自排入城市管渠或泄入水体，造成对城市管渠的严重腐蚀与水体污染。

（4）管渠渗漏损坏较严重，管渠系统上泵站等构筑物往往不能充分发挥作用。

（5）有些市区尚未兴建排水管渠，污水、雨水沿街乱流，严重影响环境卫生。

随着工业与城市的进一步发展，直接排入水体的污水量迅速增加，势必造成水体的严重污染。同时由于排水管渠系统没有设置或设计不合理，造成城市局部地区排水不畅、积水为患，影响生产与人民生活。为保护水体与环境卫生，为保障生产与方便生活，理所当然地要对城市旧排水管渠系统进行改造。

（二）城市旧排水系统的改造途径

旧排水系统改造中，除加强管理、养护、严格控制工业废水的排放，新建或改建局部管渠与泵站等措施外，在体制改造上通常有下列两种途径：

（1）改合流制为分流制：一般方法是将旧合流管渠局部改建后作为单纯排除雨水（或污水）的管渠系统，而另外新建污水（或雨水）管渠系统。这样，由于雨水、污水的分流，污水可送往污水处理厂经过处理后再排放，比较彻底地解决了城市污水对水体的污染问题。

通常，在具备下列条件时，可考虑将合流制改为分流制：①住房内部有完善的卫生设备，便于将生活污水与雨水分流；②城市街道横断面有足够的位置，允许设置由于改建成分流制需增建的污水（或雨水）管道，并且施工中不致对城市交通造成过大的影响；③旧排水管渠输水能力基本上已不能满足需要，或管渠损坏渗漏已十分严重，需彻底翻修，增大管径，设置新线。

（2）保留合流制，修建截流干管：由于将合流制改为分流制，就要改建几乎所有的污水出户管及雨水连接管，破坏较多的路面。而城市旧区街道往往比较窄，地下管线多，交通也较频繁，常使改建工程施工困难。改建投资大，影响面广，往往短期内很难实现。

所以目前旧合流制排水管渠系统的改造大多采取保留原体制，沿河修建截流干管，即将直泄式合流制改造成截流式合流制管渠系统。截流干管的设置可与城市河道整治及防洪、排涝工程规划结合起来。

应当指出，城市旧排水系统的改造，是一项十分复杂的工作。必须在城市规划中根据当地的具体情况，通盘考虑，既要照顾现实，又要有远大的目光。为此，必须调查附近水体的水文和使用情况，并对城市旧排水系统进行全面的调查，了解旧管渠的位置、管径、埋深、坡度、受水范围及目前使用情况等。整理出比较完整的资料集，作为改建规划的依据。然后根据城市的总体规划，制订出便于分期实施的、适应城市发展和环境保护要求的排水工程改建、扩建规划。

# 结束语

在市政工程中，给排水工程是其中最重要的工程项目之一，它对我国城市的建设发展起重要作用，并且该工程会对人们的生产、生活产生直接影响。随着城市化的不断推进，人们越来越重视和关注给排水工程；由于市政给排水工程项目属于一项利民工程，所以要重视施工质量，进一步完善和优化施工技术，加大对施工技术监督、管理与控制力度，确保工程施工质量，为城市健康、可持续发展提供重要保障。

# 参考文献

[1]谢小青.排水管道运行维护与管理[M].厦门：厦门大学出版社，2017.

[2]王丽娟，李杨，龚宾.给排水管道工程技术[M].北京：中国水利水电出版社，2017.

[3]梁纪生，陆继斌，王建勇.市政道路技术和城市建设[M].长春：吉林大学出版社，2018.

[4]董建威，司马卫平，禢志彬.建筑给水排水工程[M].北京：北京工业大学出版社，2018.

[5]王霞，李桂柱.建筑给水排水工程[M].西安：西安交通大学出版社，2018.

[6]李海林，李清.市政工程与基础工程建设研究[M].哈尔滨：哈尔滨工程大学出版社，2019.

[7]李春燕.市政基础设施建设与环境保护研究[M].延边大学出版社，2019.

[8]饶鑫，赵云.市政给排水管道工程[M].上海：上海交通大学出版社，2019.

[9]房平，邵瑞华，孔祥刚.建筑给排水工程[M].成都：电子科技大学出版社，2020.

[10]张胜峰.建筑给排水工程施工[M].北京：中国水利水电出版社，2020.

[11]李月俊，种道坦.建筑工程与给水排水工程[M].吉林：吉林科学技术出版社，2020.

[12]张伟.给排水管道工程设计与施工[M].郑州：黄河水利出版社，2020.

[13]李亚峰，王洪明，杨辉.给排水科学与工程概论[M].3版.北京：机械工业出版社，2020.

[14]冯萃敏，张炯.给排水管道系统[M].北京：机械工业出版社，2021.

[15]高将，丁维华.建筑给排水与施工技术[M].镇江：江苏大学出版社，2021.